普通高等教育“十四五”规划教材

初等数论

（第二版）

陈焕斌　主编

天津大学出版社
TIANJIN UNIVERSITY PRESS

图书在版编目（CIP）数据

初等数论 / 陈焕斌主编. -- 2 版. -- 天津 : 天津大学出版社, 2024. 7.（2025.1重印）-- (普通高等教育“十四五”规划教材). -- ISBN 978-7-5618-7756-2

Ⅰ. O156.1

中国国家版本馆CIP数据核字第2024BC2191号

出版发行	天津大学出版社
地　　址	天津市卫津路92号天津大学内（邮编：300072）
电　　话	发行部：022-27403647
网　　址	www.tjupress.com.cn
印　　刷	天津泰宇印务有限公司
经　　销	全国各地新华书店
开　　本	787mm×1092mm　1/16
印　　张	9.5
字　　数	237千
版　　次	2020年3月第1版　2024年7月第2版
印　　次	2025年1月第2次
定　　价	29.00元

第 2 版前言

本次修订主要是为了适合更多学生学习初等数论，主要解决了以下几个问题.

1. 针对原版本部分例习题偏难致使部分学生学习起来有些吃力的问题.

为此，我们更换了大量例习题，尤其是习题，大大降低了学习难度. 但是难度过低，实用性就会打折扣，为解决这一矛盾，我们在每节内容后面添加了一小部分中小学数学竞赛中涉及的数论内容的习题，作为“课外补充题”，并附有答案要点，供学有余力的同学学习参考，这部分主要由曹春艳老师撰写. 曹老师还修订了“第 4 章 不定方程”及“第 5 章 简单连分数”的全部内容.

2. 原版本内容偏少，不能满足部分学生进一步学习的需求，为此，我们添加了“原根与指标”一章，以帮助这部分学生较为全面地了解数论学科. 另外，为照顾文科学生，我们添加了“附录：排列、组合及二项式定理”，对这一部分内容做了简要介绍，这部分内容主要由白改艳老师撰写.

3. 增添了大量的电子阅读材料，供感兴趣的读者阅读. 其中大部分内容由曹春艳老师编撰.

4. 查漏补缺勘误. 针对首版中的一些错误和疏漏做出相应的修改.

我们希望本书能够适合更多学生和中小学老师学习初等数论. 当然老师们在使用本书的时候，可以根据自己学生的情况酌情选取合适的教学内容，酌情选用合适的例习题.

陕西学前师范学院　陈焕斌
2023 年 9 月

第 1 版前言

数论因其独特的问题和研究方法，吸引了无数数学家和业余数学爱好者. 可以说，数论比欧几里得几何更具魅力. 一大批数学家特别钟爱数论，对数论有着难以割舍的情感，但对于非数学专业的学生而言，数论却常常是他们的“噩梦”！他们无法理解那些奇妙的想法是怎么“蹦”出来的，也无法记住那么多的定理、结论，还有花样繁多的符号.

经验告诉我们，教材内容的呈现方式及教师的课堂教学方法的创新是改变学生对数论课程的认识、看法及学习状态的基本途径.

事实上，用于非数学专业的初等数论教材甚多，似并无新编教材的必要. 但在我们承担几轮小学教育专业本科和专科学生的初等数论教学后，深深感到合适教材的缺少！我们曾先后参考过十几部初等数论教材，其中有用于数学专业的，也有用于非数学专业的. 这些教材在内容体系及推理论证的严谨性方面大多没有什么问题，但在内容呈现方式及论证思路方面却很难令人满意. 比如，许多教材都是按照“定义—性质（或定理）—推论—证明—例题”的固定模式编排，这种方式的好处是简洁、清晰，缺点在于将“活生生的”“火热的”数学思考变成了“冷峻的美丽”，这种“美丽”往往掩盖了重要结论的探究过程以及论证思路的诞生过程. 学生看到这些结论不是理解不了，而是感觉不到一点“生命和温度”，仿佛在欣赏一具“冰冷而美丽的僵尸”！另外，还有少部分教材在内容和选材方面有些繁杂，不够简明，对例题的处理也不够简洁.

基于上述情况，我们决定编写一本适合非数学专业的学生的初等数论教材. 我们的基本想法是，在吸收大部分教材清晰、简明、严谨的特色的基础上，在内容呈现方式及论证思路方面花大力气、下大功夫，力求还原数学家们的思考过程，力求讲清楚所有概念、方法、定理的来龙去脉. 具体编排思路如下.

1. 所有的定理、性质、方法及结论都尽量不直接呈现. 我们希望，先给学生提供丰富的感性材料或问题情境，结合相应的问题串，让学生借助这些材料或情境，进行观察、归纳、类比、猜测，独立思考和自主探究，或在老师的引导下，“发现”或“发明”一些结论. 个别地方，甚至使例题在定理之前出现，以便学生更容易理解. 这样做的好处是，结论有了实实在在的感性依据，而不仅仅是源于刻板而理性的逻辑推理. 面对有感性材料做依据的结论，学生往往因感受深刻而不抵触、不排斥.

2. 对于定理或性质的证明，如算术基本定理、欧拉定理、孙子定理等，我们尽量先针对一些具体或贴近实际的例子进行思路探究，待探究结束时，问题的证明往往已水到渠成.

3. 对一些难点内容，我们尽量提前铺垫或分散处理. 例如，我们没有将“整除的数字特征”放在“整数的整除性”一章，而是放在了“同余”概念之后，作为同余知识的应用来处理，既简单，又分散了“整数的整除性”的难点. 再如，对系数与模不互质的一次同余方程的解法，我们先在前面的例题中对模 m 的剩余类与模 dm 的剩余类做了对比，当讲到同余方程解法的时候，就水到渠成，学生不再感到难以理解. 而且，我们在后面讲到不定方程的时候，又回过头来对其做了进一步解释，这样便于学生前后贯通，透彻理解.

4. 对新概念、新方法的介绍，也尽量先提供相应的情境、例题或其他感性材料.

5. 在教材内容的选择方面，我们充分考虑非数学专业的教学特点，尽量少而精，只讲最基本、最重要的内容，力求思路清晰、简明易懂，尽力避免繁冗、复杂的叙述.

6. 在习题选择上，尽量选取典型的、有代表性的习题，力求避免难题、偏题、怪题.

我们希望，这样的编排思路能够帮助更多的同学，让他们不再畏惧数论课程，并学会合理地思考数论问题.

需要说明的是，本教材中有不少定理并未给出证明，而是留给读者思考（绝大部分是因为思路较为简单），故教师在使用本书时，可以视实际情况决定是否补上证明.

考虑到各学校安排初等数论课程的学时数不尽相同，所以选用本教材时可以根据需要适当删减部分内容. 由于大部分章节之间较为独立，删减部分内容后并无较大影响. 如遇个别地方稍有影响，由任课教师适当删补即可.

限于编者水平，不足与疏漏在所难免，还望同仁不吝赐教.

陕西学前师范学院　陈焕斌

2019 年 10 月

本书中一些特定字母和符号的含义

$\mathbf{N}$——自然数集(非负整数集).

$\mathbf{N}_+$——正整数集.

$\mathbf{Z}$——整数集.

$\mathbf{Z}_0$——非零整数集.

$\mathbf{Q}$、$\mathbf{Q}_+$、$\mathbf{Q}_-$——有理数集、正有理数集、负有理数集.

$\mathbf{R}$、$\mathbf{R}_+$、$\mathbf{R}_-$——实数集、正实数集、负实数集.

$a|b$——整数 a 整除整数 b,或整数 b 能被整数 a 整除.

$a \nmid b$——整数 a 不整除整数 b,或整数 b 不能被整数 a 整除.

(a,b)——整数 a 与整数 b 的最大公因数.

$[a,b]$——整数 a 与整数 b 的最小公倍数.

$[x]$——不大于 x 的最大整数.

$\{x\}$——x 的小数部分.

$v_p(a)$——整数 a 的 p 成分的幂指数,即 $p^n \mid a$,而 $p^{n+1} \nmid a$.

$d(a)$——整数 a 的正因数个数.

$s(a)$——整数 a 的正因数之和.

$\varphi(a)$——整数 a 的欧拉函数,即不大于 a 且与 a 互质的正整数个数.

$\forall$——任意.

$\exists$——存在.

$\Rightarrow$——推出.

$\Leftrightarrow$——等价于.

$\in$——属于.

$\notin$——不属于.

$\equiv$——同余.

$\not\equiv$——不同余.

$\sum_{i=1}^{n} a_i = a_1 + a_2 + \cdots + a_n$.

$\prod_{i=1}^{n} a_i = a_1 \cdot a_2 \cdot \cdots \cdot a_n$.

$n! = n(n-1) \times \cdots \times 2 \times 1$.

$A_m^n = m(m-1) \times \cdots \times (m-n+1)$.

$\mathrm{C}_m^n = \dfrac{m(m-1) \times \cdots \times (m-n+1)}{n!}$.

目　　录

第 1 章　整数的整除性

“整数的整除性”是初等数论的基础与核心，主要研究整除、带余除法、最大公因数与最小公倍数、质数与合数、算术基本定理、数论函数及数的进位制等.

1.1　整除与带余除法

1.1.1　整除

我们先观察以下几行数：

$\cdots,-4,-2,0,2,4,6,\cdots$

$\cdots,-6,-3,0,3,6,9,\cdots$

$\cdots,-8,-4,0,4,8,12,\cdots$

$\cdots,-10,-5,0,5,10,15,\cdots$

我们将第一行中的所有数都称作 2 的倍数，它们都可以用 $2n(n\in\mathbf{Z})$ 来表示. 另外三行中的所有数分别称作 3,4,5 的倍数，可以分别用 $3n,4n,5n$ 来表示.

定义 1.1.1　设 $a,\ b\in\mathbf{Z}$，且 $a\neq 0$，如果存在整数 q，使 $b=aq$，则称 a 整除 b，或 b 能被 a 整除，记作 $a|b$. 此时，我们称 a 为 b 的因数（或约数），b 为 a 的倍数. 换句话说，就是 b 能被 a 除尽（没有余数），亦即 b 除以 a 的商为整数 q. 可见，倍数相当于商式中的被除数，约数相当于商式中的除数.

如果使 $b=aq$ 的整数 q 不存在（即 b 除以 a 的商不是整数），则称 a 不整除 b，或 b 不能被 a 整除，记作 $a\nmid b$. 如，$6\nmid 9,\ 12\nmid 4$.

按照以上定义，对任意整数 a，必有：$1|a;a|a(a\neq 0);a|0(a\neq 0)$. 即 1 是任何整数的约数；任何非零整数必是自身的约数，也是自身的倍数；0 是任何非零整数的倍数.

考虑下面的问题：

（1）整除关系是否与这两个整数的符号有关；

（2）是否存在这样的两个数，它们互为因数，互为倍数；

（3）约数与倍数的大小关系如何；

（4）非零整数必有无穷多个倍数，其中任意两个倍数的“组合”还是该数的倍数吗；

（5）整除是否具有传递性.

稍加探究，易知，整除具有以下特性.

（1）$a|b\Leftrightarrow \pm a|\pm b$.（整除与符号无关）

（2）$a|b,b|a\Leftrightarrow |a|=|b|>0$.（两数互为因数，则相等或相反）

（3）$a|b, b\neq 0 \Rightarrow |a|\leqslant |b|$.（若倍数非零，则因数的绝对值不大于倍数的绝对值）

此式也可以写成与它等价的另一种形式：$a|b, |a|>|b| \Rightarrow b=0$.（若因数的绝对值大于倍数的绝对值，则倍数为零）

当a,b均为正整数时，显然有：$a|b \Rightarrow 1\leqslant a\leqslant b$.（正整数的正因数不大于自身）

（4）$a|b, a|c \Rightarrow \begin{cases} a|(b+c), \\ a|xb,\ x\in \mathbf{Z}. \end{cases}$

可改写为：$a|b, a|c \Rightarrow a|(xb+yc)(x,y\in \mathbf{Z})$.

显然此式可以推广到有限个整数的“倍数组合”形式.

（5）$a|b, b|c \Rightarrow a|c$.（传递性）

此外，还有

（6）$a|b \Leftrightarrow ma|mb\ (m\in \mathbf{Z}, m\neq 0)$.（类比分数基本性质或商不变原理）

定义 1.1.2 如果$a|b$，且$1<|a|<|b|$，则称a为b的真因数（或真约数）. 真因数也叫非平凡因数，而$\pm 1, \pm b$则称为b的平凡因数.

例 1.1.1 求证：连续k个整数的乘积一定能被$k!$整除.

分析 不妨取$k=6$，考虑6个连续整数中的最大数n，分$n\geqslant 6$，$0\leqslant n<6$，$n<0$三种情形，仔细体会.

证明 记连续k个整数的乘积$M=n(n-1)(n-2)\cdots(n-k+1)$，则

（1）当$n\geqslant k$时，$\dfrac{M}{k!}=\mathrm{C}_n^k$为组合数，必为整数（组合数定义），即$k!|M$；

（2）当$0\leqslant n<k$时，$n, n-1, n-2, \cdots, n-k+1$这$k$个数中必有一个为0，则$M=0$，从而有$k!|M$；

（3）当$n<0$时，令$n=-m$，则m为正整数，且

$$\begin{aligned}\frac{M}{k!}&=\frac{(-m)(-m-1)(-m-2)\cdots(-m-k+1)}{k!}\\&=(-1)^k\frac{m(m+1)(m+2)\cdots(m+k-1)}{k!}=(-1)^k\,\mathrm{C}_{m+k-1}^k\in \mathbf{Z}.\end{aligned}$$

所以，$k!|M$.

综上，连续k个整数的乘积一定能被$k!$整除.（此结论可以作为定理使用）

例 1.1.2 设$n\in \mathbf{Z}$，证明：$\dfrac{n^3}{3}-\dfrac{n^2}{2}+\dfrac{n}{6}\in \mathbf{Z}$.

证明

$$\begin{aligned}\frac{n^3}{3}-\frac{n^2}{2}+\frac{n}{6}&=\frac{1}{6}(2n^3-3n^2+n)=\frac{1}{6}n(n-1)(2n-1)\\&=\frac{1}{6}n(n-1)(n-2)+\frac{1}{6}(n+1)n(n-1).\end{aligned}$$

由例 1.1.1，$6|n(n-1)(n-2)$，$6|(n+1)n(n-1)$，所以$\dfrac{n^3}{3}-\dfrac{n^2}{2}+\dfrac{n}{6}\in \mathbf{Z}$.

例 1.1.3　设 $n\in\mathbf{N}_+, a,b\in\mathbf{Z}, a\neq b, a,b$ 不全为 0，求证：$(a-b)\big|(a^n-b^n)$.

分析 1　即证 $\dfrac{a^n-b^n}{a-b}\in\mathbf{Z}$. 当 $ab\neq 0$ 时，可以先观察以下各式：$\dfrac{a^2-b^2}{a-b},\dfrac{a^3-b^3}{a-b},\dfrac{a^4-b^4}{a-b}$，不难发现规律.

证明 1　当 $a=0$ 或 $b=0$ 时，结论显然；当 $ab\neq 0$ 时，考虑等比数列 $a^{n-1},a^{n-2}b,\cdots,ab^{n-2},b^{n-1}$，由等比数列求和公式，得：

$$a^{n-1}+a^{n-2}b+\cdots+ab^{n-2}+b^{n-1}=\frac{a^{n-1}-\dfrac{b^n}{a}}{1-\dfrac{b}{a}}=\frac{a^n-b^n}{a-b},$$

即

$$(a-b)\left(a^{n-1}+a^{n-2}b+\cdots+ab^{n-2}+b^{n-1}\right)=a^n-b^n.\text{（可视作公式）}$$

故　$(a-b)\big|(a^n-b^n)$.

分析 2　令 $a-b=c$，则只需证 $c\big|\left[(b+c)^n-b^n\right]$. 利用二项式定理即可.

证明 2　令 $a-b=c$，则

$$\begin{aligned}a^n-b^n&=(b+c)^n-b^n=\left(b^n+\mathrm{C}_n^1b^{n-1}c+\cdots+\mathrm{C}_n^{n-1}bc^{n-1}+c^n\right)-b^n\\&=c\left(\mathrm{C}_n^1b^{n-1}+\mathrm{C}_n^2b^{n-2}c+\cdots+\mathrm{C}_n^{n-1}bc^{n-2}+c^{n-1}\right).\end{aligned}$$

所以，$c\big|(a^n-b^n)$，即 $(a-b)\big|(a^n-b^n)$.

以 $-b$ 代 b，并考虑 n 的奇偶性，则易得：

$$(a+b)\big|\left(a^{2n+1}+b^{2n+1}\right),\qquad (a+b)(a-b)\big|\left(a^{2n}-b^{2n}\right).$$

这些式子均可用于整除性证明.

此外，还常常要用到二项式定理的变式：

$$(a+b)^n=ma+b^n=ka^2+nab^{n-1}+b^n=\cdots\ (m,k\in\mathbf{Z}),$$

$$(a-b)^n=ma+(-b)^n=ka^2+na(-b)^{n-1}+(-b)^n=\cdots\ (m,\ k\in\mathbf{Z}).$$

例 1.1.4　设 $n\in\mathbf{N}$，求证：$133\big|\left(11^{n+2}+12^{2n+1}\right)$.

分析　$11^{n+2}+12^{2n+1}=121\times 11^n+12\times 144^n$. 注意到，133=121+12，133+11=144，则有以下证题思路.

证明 1

$$\begin{aligned}11^{n+2}+12^{2n+1}&=121\times 11^n+12\times 144^n=121\times 11^n+12\times(133+11)^n\\&=121\times 11^n+12\times\left(133m+11^n\right)=133\times 11^n+12\times 133m\\&=133\left(11^n+12m\right)\ (m\in\mathbf{Z}).\end{aligned}$$

所以，$133\big|\left(11^{n+2}+12^{2n+1}\right)$.

证明 2

$$11^{n+2}+12^{2n+1}=121\times11^n+12\times144^n=(133-12)\times11^n+12\times(133+11)^n$$
$$=133\times11^n-12\times11^n+12\times(133m+11^n)=133(11^n+12m)\ (m\in\mathbf{Z}).$$

所以，$133\left|\left(11^{n+2}+12^{2n+1}\right)\right.$.

本题也可以利用 12=133-121，11=144-133. 总之，11，12，121，144 这四个数中任意一个（或两个）表示成 133 与某个数的和或差，都可以解决问题. 当然，本题还可以用数学归纳法证明.

例 1.1.5 设 $n\in\mathbf{N}$，求证：$576\left|\left(5^{2n+2}-24n-25\right)\right.$.

分析 $576=2^6\times3^2=24^2$，注意到，

$$5^{2n+2}=25\times25^n=25\times(24+1)^n=25\times(24^2m+24n+1)\ (m\in\mathbf{Z}).$$

则问题得解.

证明

$$\begin{aligned}5^{2n+2}-24n-25&=25\times25^n-24n-25\\&=25\times(24+1)^n-24n-25\\&=25\times(24^2m+24n+1)-24n-25\\&=25\times24^2m+24\times24n=24^2\times(25m+n)\ (m\in\mathbf{Z}).\end{aligned}$$

所以，$24^2\left|\left(5^{2n+2}-24n-25\right)\right.$，即 $576\left|\left(5^{2n+2}-24n-25\right)\right.$.

本题若采用变形：$25^n=(24+1)^n=24m+1\ (m\in\mathbf{Z})$，则易陷入困境.

1.1.2 整数的奇偶性及奇偶分析法

整数集按照能否被 2 整除，分为两类. 能被 2 整除的叫偶数，不能被 2 整除的叫奇数. 偶数常用 $2k\ (k\in\mathbf{Z})$ 表示，奇数常用 $2k+1$ 或 $2k-1\ (k\in\mathbf{Z})$ 表示.

奇数与偶数具有下列基本性质.

（1）（加法）正奇数个奇数的和是奇数；正偶数个奇数的和是偶数；任意多个偶数的和总是偶数；奇数与偶数的和为奇数.（注意：减法可视为加法）

（2）（乘法）任意多个奇数的积是奇数；只要有一个乘数是偶数，则这组整数的乘积必是偶数.（简记为全奇积奇，有偶积偶）

（3）任一奇数与任一偶数不相等.

利用这些性质解决问题的方法，叫奇偶分析法.

例 1.1.6 求证：一个数是平方数的充要条件是其正因数个数为奇数.

分析 不妨先考察一些平方数的正因数情况：

1 的正因数只有 1 个：1；

4 的正因数有 3 个：1，2，4；

9 的正因数有 3 个：1，3，9；

16 的正因数有 5 个：1，2，4，8，16；

25 的正因数有 3 个：1，5，25；

36 的正因数有 9 个：1，2，3，4，6，9，12，18，36.

仔细观察，有没有什么发现？

以 36 为例，大家应该都能得到下面的结论：

$$36=1\times36=2\times18=3\times12=4\times9=6\times6,$$

就是说，除 6 外，其他每一个因数都有一个和它“配对”且和它不等的因数，如 1 配 36，2 配 18，3 配 12，4 配 9；像这样的一对因数，我们称其为**配偶因数**（或**共轭因数**），这里的 6 也称为 36 的自配偶因数.

证明　设 $n\in\mathbf{N}_+$，$d|n$，则 $\frac{n}{d}|n$，即 d 与 $\frac{n}{d}$ 是 n 的一对配偶因数. 当 $d<\sqrt{n}$ 时，$\frac{n}{d}>\sqrt{n}$；当 $d>\sqrt{n}$ 时，$\frac{n}{d}<\sqrt{n}$；当 $d=\sqrt{n}$ 时，$\frac{n}{d}=\sqrt{n}$. 此时，$\sqrt{n}$ 即为 n 的自配偶因数，于是：n 为平方数 $\Leftrightarrow \sqrt{n}|n \Leftrightarrow \sqrt{n}$ 是 n 的自配偶因数 $\Leftrightarrow$ n 的正因数个数为奇数.

例 1.1.7　设 n 是奇数，$a_1,a_2,\cdots,a_n$ 是 $1,2,\cdots,n$ 的一个排列，求证：$(a_1-1)(a_2-2)\cdots(a_n-n)$ 是偶数.

证明 1　因为 n 是奇数，所以在 $1,2,\cdots,n$（或 $a_1,a_2,\cdots,a_n$）中，奇数比偶数多一个，从而在 $(a_1,1),(a_2,2),\cdots,(a_n,n)$ 这 n 个数对中，至少有一个数对的两个数都是奇数，从而这两个数的差为偶数，故 $(a_1-1)(a_2-2)\cdots(a_n-n)$ 是偶数.

证明 2　因为 n 是奇数，不妨设 $n=2k+1$，$k\in\mathbf{N}$，则 $1,2,\cdots,n$（或 $a_1,a_2,\cdots,a_n$）中，奇数个数为 $k+1$，偶数个数为 k，假设 $a_1-1,a_2-2,\cdots,a_n-n$ 都是奇数，则 $(a_1,1),(a_2,2),\cdots,(a_n,n)$ 这 n 个数对中，每 1 个数对的两个数都是一奇一偶，从而 $1,2,\cdots,n$ 中的奇数与 $a_1,a_2,\cdots,a_n$ 中的偶数一样多，矛盾. 故 $(a_1-1),(a_2-2),\cdots,(a_n-n)$ 中必有偶数，从而，$(a_1-1)(a_2-2)\cdots(a_n-n)$ 必为偶数.

证明 3　因为

$$(a_1-1)+(a_2-2)+\cdots+(a_n-n)=(a_1+a_2+\cdots+a_n)-(1+2+\cdots+n)=0$$

是偶数，所以上式中等号左端的 n 个括号所表示的数不可能全是奇数，即至少有一个括号表示的数是偶数，从而

$$(a_1-1)(a_2-2)\cdots(a_n-n)$$

是偶数.

读者可以尝试将以上两个证法改写为反证法的形式.

例 1.1.8　设 $f(x)=ax^2+bx+c$ 的系数都是整数，并且有某一奇数 β 使 $f(\beta)$ 为奇数，求证：方程 $f(x)=0$ 无奇数根.

证明 1　设 α 是奇数，则 $\alpha=\beta+2k\ (k\in\mathbf{Z})$. 于是，

$$\begin{aligned}f(\alpha)&=f(\beta+2k)=a(\beta+2k)^2+b(\beta+2k)+c\\&=(a\beta^2+b\beta+c)+4ka\beta+4ak^2+2kb=f(\beta)+2(2ka\beta+2ak^2+kb).\end{aligned}$$

可见，$f(\alpha)$可表示为一个奇数与一个偶数之和，即$f(\alpha)$恒为奇数，故方程$f(x)=0$无奇数根.

证明 2 设α是奇数，则

$$f(\alpha)-f(\beta)=a(\alpha^2-\beta^2)+b(\alpha-\beta)=(\alpha-\beta)[a(\alpha+\beta)+b]$$

为偶数. 所以，$f(\alpha)$为奇数，故方程$f(x)=0$无奇数根.

证明 3 设α是奇数，令$\alpha=2m+1,\beta=2n+1(m,n\in\mathbf{Z})$. 于是，

$$f(\alpha)=a\alpha^2+b\alpha+c=a(2m+1)^2+b(2m+1)+c=a+b+c+\text{偶数},$$

$$f(\beta)=a\beta^2+b\beta+c=a(2n+1)^2+b(2n+1)+c=a+b+c+\text{偶数},$$

由于$f(\beta)$为奇数，所以$f(\alpha)$也为奇数，故方程$f(x)=0$无奇数根.

证明 4 设α是奇数，则$a\alpha^2$与$a\beta^2$同奇偶，$b\alpha$与$b\beta$同奇偶，于是$f(\alpha)$与$f(\beta)$同奇偶，由于$f(\beta)$为奇数，所以$f(\alpha)$也为奇数，故方程$f(x)=0$无奇数根.

实际上，以上几种证明思路区别不大，还可以写出类似的其他解法.

例 1.1.9 有 7 个茶杯，杯口全朝上，每次同时翻转 4 个茶杯称为一次操作，问可否经过若干次操作，使 7 个茶杯全部杯口朝下？

解 1 个茶杯由杯口朝上变为杯口朝下，须经奇数次翻转.

设经过k次操作可使 7 个茶杯全部杯口朝下，记 7 个茶杯翻转的次数分别为$a_1,a_2,a_3,a_4,a_5,a_6,a_7$，则$a_1,a_2,a_3,a_4,a_5,a_6,a_7$均为奇数.

所以，7 个茶杯翻转的总次数为$a_1+a_2+a_3+a_4+a_5+a_6+a_7=s$必为奇数.

又因为每次操作要同时翻转 4 个茶杯，所以k次操作翻转的总次数应为$4k$. 这与s为奇数矛盾. 故不可能经过若干次操作，使 7 个茶杯全部杯口朝下.

1.1.3 带余除法

我们先来观察表 1-1-1 至表 1-1-6.

表 1-1-1 二列整数表

⋮	⋮
−6	−5
−4	−3
−2	−1
0	1
2	3
4	5
6	7
8	9
⋮	⋮

表 1-1-2 三列整数表

⋮	⋮	⋮
−9	−8	−7
−6	−5	−4
−3	−2	−1
0	1	2
3	4	5
6	7	8
9	10	11
12	13	14
⋮	⋮	⋮

表 1-1-3 四列整数表

⋮	⋮	⋮	⋮
−12	−11	−10	−9
−8	−7	−6	−5
−4	−3	−2	−1
0	1	2	3
4	5	6	7
8	9	10	11
12	13	14	15
16	17	18	19
⋮	⋮	⋮	⋮

表 1-1-4 五列整数表

⋮	⋮	⋮	⋮	⋮
−15	−14	−13	−12	−11
−10	−9	−8	−7	−6
−5	−4	−3	−2	−1
0	1	2	3	4
5	6	7	8	9
10	11	12	13	14
15	16	17	18	19
20	21	22	23	24
⋮	⋮	⋮	⋮	⋮

表 1-1-5　六列整数表

⋮	⋮	⋮	⋮	⋮	⋮
−18	−17	−16	−15	−14	−13
−12	−11	−10	−9	−8	−7
−6	−5	−4	−3	−2	−1
0	1	2	3	4	5
6	7	8	9	10	11
12	13	14	15	16	17
18	19	20	21	22	23
24	25	26	27	28	29
⋮	⋮	⋮	⋮	⋮	⋮

表 1-1-6　七列整数表

⋮	⋮	⋮	⋮	⋮	⋮	⋮
−21	−20	−19	−18	−17	−16	−15
−14	−13	−12	−11	−10	−9	−8
−7	−6	−5	−4	−3	−2	−1
0	1	2	3	4	5	6
7	8	9	10	11	12	13
14	15	16	17	18	19	20
21	22	23	24	25	26	27
28	29	30	31	32	33	34
⋮	⋮	⋮	⋮	⋮	⋮	⋮

当然,我们还可以列出更多类似的整数表.这些整数表虽然很简单,但很有用,我们在学习下一章内容时还会用到.请仔细观察这些数表,然后回答下列问题.

(1)数字 3 549 是否在各表中?分别在各表的第几行(记各表中数字 0 所在的行为第 0 行,第 0 行以下依次为第 1 行,第 2 行,……;第 0 行以上依次为第 −1 行,第 −2 行,……),第几列?各表第 15 行第 2 列的数字分别是多少?是否有某个整数不在某一表中?

(2)各表中同一列相邻的两个数字有什么关系?同一行相邻的两个数字又有什么关系?

(3)以表 1-1-6 为例,你会用一个简单的代数式表示某一列数字吗?你会用自己的语言描述各列数字吗?

……

我们发现,表 1-1-6 中的各列数字从左到右依次分别为被 7 整除的数,被 7 除余 1 的数,被 7 除余 2 的数,……,被 7 除余 6 的数.其他各表类似.如果将整除看成余数为 0 的情形,那么任意整数被 7 除,余数只能是 0 到 6 的某一个整数.即对任意整数 a,都有 $a=7k+r\left(k\in\mathbf{Z},0\leqslant r<7\right)$.而且由表 1-1-6,我们还可以看到,当除数为 −7 时,余数同样只能是 0 到 6 的某一个整数!同样,对任意整数 a,都有 $a=-7k+r\left(k\in\mathbf{Z},0\leqslant r<7\right)$.一般地,有以下定理.

定理 1.1.1(带余除法定理)　设 $a,b\in\mathbf{Z},b\neq0$,则存在唯一的一对整数 q,r,使得

$$a=bq+r,0\leqslant r<|b|.$$

分析　取 $b=7$,由表 1-1-6,我们可以看到,任意整数 a 一定会落在某一行,即必存在整数 n,使 $7n\leqslant a<7(n+1)$(相当于说 a 落在第 n 行).从而 $0\leqslant a-7n<7$.令 $a-7n=r$,则 $a=7n+r\left(0\leqslant r<7\right)$.

证明　对任意整数 a,都存在整数 n,使 $|b|n\leqslant a<|b|(n+1)$.

从而 $0\leqslant a-|b|n<|b|$.令 $a-|b|n=r$,则 $a=|b|n+r\left(0\leqslant r<|b|\right)$.

当 $b>0$ 时,取 $q=n$,当 $b<0$ 时,取 $q=-n$,则有

$$a=bq+r\left(0\leqslant r<|b|\right).$$

假设还有一对整数 q', r'，使得 $a = bq' + r'\left(0 \leqslant r' < |b|\right)$.

于是，$b(q-q') + (r-r') = 0$，即 $b(q-q') = r' - r$. 所以 $b \mid (r'-r)$.

由于 $|r'-r| < |b|$，故 $r' - r = 0$. 从而 $q - q' = 0$.

即满足条件的 q, r 是唯一的.

带余除法是对小学有余数除法的推广. 任意两个整数，只要除数不为零，都可以做带余除法. 如：

$-10 \div 7 = (-2)\cdots\cdots 4$，　$-10 \div (-7) = 2\cdots\cdots 4$，　$7 \div 10 = 0\cdots\cdots 7$，

$-7 \div (-10) = 1\cdots\cdots 3$，　$-7 \div 10 = (-1)\cdots\cdots 3$，　$7 \div (-10) = 0\cdots\cdots 7$.

但我们更习惯于写成：

$-10 = 7 \times (-2) + 4$，　$-10 = (-7) \times 2 + 4$，　$7 = 10 \times 0 + 7$，

$-7 = (-10) \times 1 + 3$，　$-7 = 10 \times (-1) + 3$，　$7 = (-10) \times 0 + 7$.

后一种写法显然更清楚、更实用. 写带余除法算式的关键是，**余数非负且小于除数的绝对值**. 特别地，当余数为 0 时，即为整除情形. 可见，整除为带余除法的特例.

带余除法定理是整除理论的基础，后面许多重要结论的推导都要用到它.

例 1.1.10　请在 503 后面添 3 个数字使所得 6 位数能被 7，9，11 整除.

解 1　先用 503 000 对 $7 \times 9 \times 11$（=693）做带余除法，得：503 000=693 × 725+575.

由于 693−575=118，118+693=811. 所以，

503 000+118=503 118=693 × 725+575+118=693 × 725+693=693 × 726，

503 811=503 118+693=693 × 726+693=693 × 727.

故所添 3 位数字为 118 或 811.

解 2　先用 504 000 对 $7 \times 9 \times 11$ 做带余除法，得：504 000=693 × 727+189.

所以，504 000−189=503 811=693 × 727，503 811−693=503 118=693 × 726.

故所添 3 位数字为 118 或 811.

例 1.1.11　请观察下面的式子：（第二行所有字母都是整数）

252=198 × 1+54，　198=54 × 3+36，　54=36 × 1+18，　36=18 × 2.

$a = bq_1 + r_1, 0 \leqslant r_1 < b$，　$b = r_1q_2 + r_2, 0 \leqslant r_2 < r_1$，　$r_1 = r_2q_3 + r_3, 0 \leqslant r_3 < r_2$，　$r_2 = r_3q_4$.

（1）不计算，试用第一行算式说明 $18 \mid 198, 18 \mid 252$，然后将 18 表示成 $252x + 198y$ $(x, y \in \mathbf{Z})$ 的形式，并由此证明若 $c \mid 198, c \mid 252$，则 $c \mid 18$.

（2）试用第二行算式说明 $r_3 \mid a$, $r_3 \mid b$，然后将 r_3 表示成 $ax + by$ $(x, y \in \mathbf{Z})$ 的形式，并由此证明若 $c \mid a$, $c \mid b$，则 $c \mid r_3$.

说明：两行中数字与字母完全对应，所以我们将（1）留给读者，这里只做（2）.

证明　（2）①由 $r_2 = r_3q_4$，知 $r_3 \mid r_2$. 再由 $r_1 = r_2q_3 + r_3$，知 $r_3 \mid r_1$. 又由 $b = r_1q_2 + r_2$，知 $r_3 \mid b$. 最后，由 $a = bq_1 + r_1$，知 $r_3 \mid a$，故 $r_3 \mid a$，且 $r_3 \mid b$.

②从第三个算式起倒推，有

$r_3 = r_1 - r_2q_3 = r_1 - (b - r_1q_2)q_3 = r_1(1 + q_2q_3) - bq_3 = (a - bq_1)(1 + q_2q_3) - bq_3 = a(1 + q_2q_3) -$

$b(q_1+q_3+q_1q_2q_3)$. 其中, $x=1+q_2q_3$, $y=-(q_1+q_3+q_1q_2q_3)$.

③若 $c|a$, $c|b$, 则 $c|[a(1+q_2q_3)-b(q_1+q_3+q_1q_2q_3)]$, 即 $c|r_3$.

例 1.1.12　设 $a,b\in\mathbf{Z}$, $ax_0+by_0\ (x_0,y_0\in\mathbf{Z})$ 是形如 $ax+by\ (x,y\in\mathbf{Z})$ 的整数中的最小正整数,求证: $(ax_0+by_0)|(ax+by)$.

证明　设 $ax+by=(ax_0+by_0)q+r\ (0\leqslant r<ax_0+by_0)$,

则 $r=ax+by-(ax_0+by_0)q=a(x-x_0q)+b(y-y_0q)$.

故 r 也是形如 $ax+by\ (x,y\in\mathbf{Z})$ 的整数, 但 ax_0+by_0 是其中的最小正整数, 且 $0\leqslant r<ax_0+by_0$, 故 r 只能为 0. 于是, $(ax_0+by_0)|(ax+by)$.

习题 1.1

1. 试证明整除性质 3 与性质 4.

2. 求证:两个奇数的平方和不是平方数.

3.(1)四个连续整数之积是个位数字不为 0 的五位数,且大于 50 000,求这个积;

(2)三个连续奇数之积是个位数字为 3 的四位数,求这三个连续奇数;

(3)三个连续偶数之积是个位数字为 2 的四位数,求这三个连续偶数.

4. 设 $n\in\mathbf{N}$, 求证:

(1) $6|n(2n+1)(7n+1)$;

(2) $8|n(n+1)(3^{2n+1}+1)$;

(3) $9|[(3n+1)\times 7^n-1]$;

(4) $24|m(m-1)(m-2)(3m-5)$.

5. 证明:

(1) $(n-1)^2|(n^k-1)\Leftrightarrow(n-1)|k\ (n,k\in\mathbf{N},n,k>1)$;

(2) $11|(3^{n+1}+3^{n-1}+6^{2(n-1)})\ (n\in\mathbf{N}_+)$;

(3) $157|(12^{n+2}+13^{2n+1})\ (n\in\mathbf{N})$.

6. 设 $m,n,p,q\in\mathbf{Z}$, 求证: $(m-p)|(mn+pq)\Leftrightarrow(m-p)|(mq+np)$.

7. 设 $b\in\mathbf{Z}, a_i\in\mathbf{Z}, i=1,2,\cdots,n$, $n\neq 8k+1\ (k\in\mathbf{N})$, 且 $b^2=\sum_{i=1}^{n}a_i^2$, 求证: $a_1,a_2,\cdots,a_n$ 及 b 这 $n+1$ 个整数不可能都是奇数.

8. 能否在下式的 □ 内填上“+”或“−”,使等式成立? 若能,则给出填法;若不能,则说明理由.

1□2□3□4□5□6□7□8□9=10

9. 设 a,b,c 均为奇数,求证:方程 $ax^2+bx+c=0$ 无有理根.

10. 试分别以各小题中给定的整数 a 为被除数, b 为除数,求商 q 和余数 r.

(1) $a=16,b=6$;　(2) $a=16,b=-6$; (3) $a=-16,b=6$;

（4）$a=-16,b=-6$;（5）$a=6,b=-16$;（6）$a=-6,b=-16$.

11. 已知两整数相除，商为 8，余数为 10，并且这两个整数之积为 3 400. 求被除数.

12. 已知某数被 3 除余 2，被 4 除余 1，被 12 除余几？

13. 观察下表的规律，判定 30，300，3 000 分别位于表中的第几行第几列.

1		2		3		4
	5		6		7	
8		9		10		11
	12		13		14	
15		16		17		18
…	…	…	…	…	…	…

课外补充题 1.1

1. 若 n 是奇数，则 $8|(n^2-1)$.

2. 证明：方程 $a_1^2+a_2^2+a_3^2=1\,999$ 无整数解.

3. 证明：任意给定的连续 39 个自然数，其中至少存在一个自然数，使得这个自然数的数字和能被 11 整除.

4. 证明：$12|(n^4+2n^3+11n^2+10n)$，$n\in\mathbf{Z}$.

5. 设 $3|(a^2+b^2)$，证明：$3|a$ 且 $3|b$.

6. 设 $a,b\in\mathbf{Z}$, 且 a,b 均不能被 2 和 3 整除，求证：$24\left|\left(a^2-b^2\right)\right.$.

7.（1）设 $a\in\mathbf{Z},k,r\in\mathbf{N}_+$，求证：$10\left|\left(a^{4k+r}-a^r\right)\right.$;

（2）设对一切 $n\in\mathbf{N}_+,10\left|\left(3^{m+4n}+1\right)\right.$. 求正整数 m 的最小值.

8. 设 $a,b,c,d\in\mathbf{Z}$, 求证：$12\left|(a-b)(a-c)(a-d)(b-c)(b-d)(c-d)\right.$.

9. 设 $n>1,n\in\mathbf{N}_+$, 求证：$S=1+\frac{1}{2}+\frac{1}{3}+\cdots+\frac{1}{n}$不是整数.

1.2 质数与合数

正整数按照其正因数的个数可以分为三类.

第一类：只有一个正因数. 这类数只有一个，即数 1 . 数 1 也称为自然数单位.

第二类：有且只有两个正因数（1 和自身）. 这类数叫**质数**，如 2，3，5，7，11，…，质数没有真因数.

第三类：正因数个数多于两个（除 1 和自身外，还有别的正因数）. 这类数叫**合数**，如 4，6，8，9，10，12，14，15，…，合数都有真因数.

例 1.2.1　写出前 100 个正整数中的所有质数.

分析 1　将前 100 个正整数中的 1 及所有合数都去掉即可. 具体步骤如下:先去掉 1,再去掉除 2 以外的所有偶数,再去掉除 3 以外的所有 3 的倍数,再去掉除 5 以外的所有 5 的倍数,再去掉除 7 以外的所有 7 的倍数,余下的数即为所求. 这种寻找质数的方法叫埃拉托色特尼(Eratosthenes)筛法.

分析 2　显然,除 2 以外,其他所有偶数都是合数,故只需考虑除 1 以外的所有奇数. 一个奇数如果是合数,一定能写成$(2i+1)(2j+1)$的形式,由于

$$(2i+1)(2j+1)=4ij+2i+2j+1=2(2ij+i+j)+1,$$

将形如$2ij+i+j$的数按 i, j 的不同取值列成表 1-2-1.

表 1-2-1　形如 $2ij+i+j$ 的数表

i/j	1	2	3	4	5	6	7	…
1	4	7	10	13	16	19	22	…
2	7	12	17	22	27	32	37	…
3	10	17	24	31	38	45	52	…
4	13	22	31	40	49	58	67	…
5	16	27	38	49	60	71	82	…
6	19	32	45	58	71	84	97	…
7	22	37	52	67	82	97	112	…
…	…	…	…	…	…	…	…	…

凡表中数字乘 2 加 1,必为合数;未在表中的正整数乘 2 加 1,必为质数. 此法称桑德拉姆(Sundaram)筛法(由于表 1-2-1 中各行与各列数字皆成等差数列,所以利用此表判断一个数是否是质数还是比较有效的).

解　前 100 个正整数中的所有质数共有 25 个:

2,3,5,7,11,13,17,19,23,29,31,37,41,43,47,53,59,61,67,71,73,79,83,89,97.

这些质数使用比较频繁,大家可以多练习. 这里需要大家思考一个问题:例 1.2.1 中我们用 Eratosthenes 筛法找质数时,为什么只去掉了 2,3,5,7 的倍数,而不必去掉 11,13,…的倍数? 如果用此法找 1 000 以内的质数,最大只需要去掉哪个质数的倍数?

例 1.2.2　判断 293 是否为质数.

分析 如果用 Sundaram 筛法,由于 $293=2\times146+1$,需要判断 146 是否在表 1-2-1 中,好像并不容易. 所以,我们常常采用 Eratosthenes 筛法,即"试商法":依次用 2,3,5,7,11,13,17 去试除 293,发现它们都不能整除 293,由此即可断定 293 是质数.(问题在于,为什么只试除到 17,而不继续用 19,23,…去试除呢?)

解　293 是质数.

经过前面的一系列探究,以下几个结论是显然的.

定理 1.2.1　正整数 a 是合数的充要条件是 a 能分解为两个大于 1 的整数的乘积.

定理 1.2.2 如果 a 是大于 1 的整数,则 a 的大于 1 的最小因数必是质数.

定理 1.2.3 大于 1 的整数 a 是质数的充要条件是不大于 $\sqrt{a}$ 的质数都不能整除 a.

前两个定理可以直接用定义证明,第三个定理的充分性证明可以用反证法. 读者不妨尝试独立证明这几个定理.

定理 1.2.3 实际上已经回答了前面两个例题后的问题. 下面我们需要探究的是,质数的分布有什么规律和特点,质数在形式上有什么特征. 第一个问题,质数的个数是多少? 是否有限?

定理 1.2.4 质数有无限多个.

证明 (欧几里得证法)假设仅有有限个质数 $p_1, p_2, \cdots, p_n$,令 $P = p_1 p_2 \cdots p_n + 1$,显然,$P$ 大于每一个 p_i,故 P 不是质数,即 P 为合数. 从而,P 有质因数 q. 又 $p_i \nmid P, i = 1,2,\cdots,n$.(为什么?)故 $q \neq p_i$. 于是,q 是不同于 p_i 的质数,与假设矛盾. 故假设不成立,即质数有无限多个.

例 1.2.3 求证:形如 $6n-1$ 的质数必有无穷多个.

证明 显然,大于 3 的质数必为 $6n \pm 1$ 型的(为什么?). 假设形如 $6n-1$ 的质数仅有有限个,依次记为 $p_1, p_2, \cdots, p_n$,令 $m = 6p_1 p_2 \cdots p_n - 1$,则 $m > 3$,于是 m 有质因数. 但 2, 3 不是 m 的质因数,且 m 的质因数不可能全部是 $6n+1$ 型的(否则,若干个 $6n+1$ 型的数的乘积必是 $6n+1$ 型的,即 m 是 $6n+1$ 型的,与"$m = 6p_1 p_2 \cdots p_n - 1$"矛盾). 故 m 至少有一个 $6n-1$ 型的质因数. 令其为 q,则 q 等于某一 p_i. 于是,$q \mid (6p_1 p_2 \cdots p_n - m)$,即 $q \mid 1$,与假设矛盾. 故假设不成立,即形如 $6n-1$ 的质数必有无穷多个.

例 1.2.4 大于 100 的 10 个连续自然数中最多有几个质数?

解 大于 100 的质数只能是奇数,10 个连续自然数中必有 5 个连续奇数,这 5 个奇数中必有一个是 5 的倍数,所以最多有不超过 4 个质数. 又知,101,103,107,109 都是质数,故大于 100 的 10 个连续自然数中最多有 4 个质数.

想想看,从 2 到 11 这 10 个连续自然数中,有几个质数?

例 1.2.5 是否存在 1 000 个连续的正整数,它们都是合数?

解 考虑数字 $1\,001! = 1\,001 \times 1\,000 \times \cdots \times 3 \times 2 \times 1$,易知,以下数字皆为合数:

$$1\,001!+2, 1\,001!+3, \cdots, 1\,001!+1\,000, 1\,001!+1\,001.$$

故存在 1 000 个连续的正整数,它们都是合数.

此例表明:

(1)存在任意多个连续的正整数,它们都是合数;

(2)存在任意多个连续的正整数,它们当中恰有 1 个质数(仿例 1.2.5,在找到任意多个连续的合数后,再从其中第一个合数开始往前推,直至找到 1 个质数为止,然后从第一个质数开始往后推至要求的数量即可);

(3)质数在正整数中是比较少的,越往后越稀少.

想了解更多质数分布规律的读者可以参阅专业的数论书籍.

关于质数,大家有必要了解一下费马数和梅森数,还有孪生素数等. 我们在"拓展阅读"里有较为详尽的介绍. 欢迎大家阅读.

习题 1.2

1. 试判断下列各数是否为质数：

2 023，2 027，2 641，17 357.

2. 30 以内连续 3 个正整数都是合数的数组有几组？

3. 求证：4 个连续的正整数之积与 1 的和是合数.

4. 设 $p, p+2$ 均为奇质数（称它们为一对**孪生质数**），且 $p>3$，求证：$6\mid(p+1)$.

5. 当正整数 n 取什么值时，下列关于 n 的函数值是质数？是合数？

（1）$f_1(n)=n^4+4$；　　（2）$f_2(n)=n^4+4^n$；

（3）$f_3(n)=n^4-18n^2+45$；　　（4）$f_4(n)=n^4+n^2+1$；

（5）$f_5(n)=3n^2-4n+1$.

6.（1）求质数 p，使 $8p^2+1$ 为质数；

（2）设质数 $p>3$，若 $2p+1$ 为质数，求证：$4p+1$ 必为合数.

7. 求证：形如 $4n-1$ 的质数必有无穷多个.

课外补充题 1.2

1. 找出 1 到 1 000 之间的孪生素数.

2. 11，13，17，19 这 4 个素数的间隔为 2，4，2，除此之外是否还存在类似的素数？

3. 证明：若 2^n+1 是素数，则 n 是 2 的乘幂.

4. 设 d 是正整数，$6\nmid d$，证明：在以 d 为公差的等差数列中，连续 3 项都是素数的情况最多发生一次.

5. 3 个连续的奇数当中，至少有一个是 3 的倍数.

6. 设 m 为正整数，且 $m>1$，

（1）若 $m\mid[(m-1)!+1]$，求证：m 必为质数；

（2）当且仅当 m 为大于 5 的合数时，$m\mid(m-1)!$.

7. 试证：存在无穷多个整数 n，使 $6n\pm1$ 均为合数.

8. 设 a 是正整数，问 a^4-3a^2+9 是质数还是合数？

1.3　最大公因数与最小公倍数

1.3.1　最大公因数及其求法

例 1.3.1　要将长、宽、高分别为 72 cm、60 cm、48 cm 的长方体木块锯成同样大小的小正方体（棱长为整数）木块，且不能有剩余，则锯成的小正方体木块边长最大为多少？

这里求小正方体的最大边长，即求 72，60，48 的最大公因数.

定义 1.3.1 若 $c|a_i, i=1,2,\cdots,n$，且 a_i 不全为 0，则称 c 为 $a_1, a_2,\cdots, a_n$ 的一个公因（约）数. 其中最大的一个叫 $a_1, a_2,\cdots, a_n$ 的最大公因（约）数，记作 $(a_1, a_2,\cdots, a_n)$. 如 ±1，±2，±3，±4，±6，±12 都是 72，60，48 的公因数，12 是 72，60，48 的最大公因数，即（72，60，48）=12. 特别地，当 $(a_1, a_2,\cdots, a_n)=1$ 时，称 $a_1, a_2,\cdots, a_n$ 互质；当 $a_1, a_2,\cdots, a_n$ 中任两个数互质时，称 $a_1, a_2,\cdots, a_n$ 两两互质. 如 2，3，5 两两互质，即（2，3）=（3，5）=（2，5）=1. 再如 6，10，15 互质但并不两两互质，即（6，10，15）=1，但（6，10）=2，（6，15）=3，（10，15）=5.

例 1.3.2 求（162，216，378，108）.

解 $(162,216,378,108)=2\times(81,108,189,54)=2\times9\times(9,12,21,6)=2\times9\times3\times(3,4,7,2)$
$=2\times9\times3=54.$

或 $(162,216,378,108)=(162,378,108)=2\times(81,189,54)=2\times27\times(3,7,2)=54.$

或 $(162,216,378,108)=(54,0,54,108)=(54,0,0,0)=54.$

后两种解法的依据是什么？请思考. 对第一种解法，常写成如下“短除法”形式：

2			162	216	378	108
	9		81	108	189	54
		3	9	12	21	6
			3	4	7	2

以下结论是显然的（读者可以按定义独立完成证明）.

（1）整数 $a_1, a_2,\cdots, a_n$ 的最大公因数是唯一存在的.

（2）$(a_1, a_2,\cdots, a_n)=(|a_1|,|a_2|,\cdots,|a_n|)$.（$a_i$ 不全为 0）

（3）对任意非零整数 a，有：$(a,0)=|a|,(a,1)=1$.

下面我们学习几个关于最大公因数的重要定理.

定理 1.3.1 设正整数 d 满足：① $d|a_i\ (i=1,2,\cdots,n)$；② 只要 $c|a_i\ (i=1,2,\cdots,n)$，便有 $c|d$. 则 $d=(a_1, a_2,\cdots, a_n)$.

证明 由于对任意的 $c|a_i\ (i=1,2,\cdots,n)$，都有 $c|d$，且 d 为正数，所以 $c\leqslant d$. 依最大公因数定义，即有 $d=(a_1, a_2,\cdots, a_n)$.

此定理即是说，**若一组整数的所有公因数都是其某一正公因数的因数，则这一正公因数即为这组整数的最大公因数**. 所以，要证明一个正整数是一组整数的最大公因数，可以先证明它是公因数，再证明任意公因数都是它的因数.

定理 1.3.2 若整数 a,b,c,q 满足 $a=bq+c$，则 $(a,b)=(b,c)$.（这里并不要求 $0\leqslant c<|b|$）

分析 定理的证明比较容易，即证 a,b 的公因数集合等于 b,c 的公因数集合. 该定理也常常写为（$a+kb,b$）=（a,b），或（a,b）=（$a-1<b,b$）.

这个定理相当于说，被除数与除数的最大公因数等于除数与余数的最大公因数.

例 1.3.3 求 $(21n+4,14n+3)$.

解 由于 $21n+4=(14n+3)+(7n+1),14n+3=2\times(7n+1)+1$，所以，

$$(21n+4,14n+3)=(14n+3,7n+1)=(7n+1,1)=1.$$

本例所运用的方法叫**辗转相除法**(也叫**欧几里得算法**).

定理 1.3.3 对正整数 a,b(不妨设 $a>b$),按以下方式连续做带余除法:

$$a=bq_1+r_1\left(0<r_1<b\right),$$
$$b=r_1q_2+r_2\left(0<r_2<r_1\right),$$
$$r_1=r_2q_3+r_3\left(0<r_3<r_2\right),$$
$$\cdots\cdots$$
$$r_{n-2}=r_{n-1}q_n+r_n\left(0<r_n<r_{n-1}\right),$$
$$r_{n-1}=r_nq_{n+1}.$$

则必有

$$(a,b)=(b,r_1)=(r_1,r_2)=\cdots=(r_{n-1},r_n)=(r_n,0)=r_n.$$

这就是说,**先用大数对小数做带余除法,然后每次用除数对余数做带余除法,直到余数为 0. 那么,最后一个不为 0 的余数 r_n 就是 a,b 的最大公因数**.(当然,a,b 均为非零整数时也成立)

定理 1.3.4 定理 1.3.3 中的 $a,b,q_i,r_i\,(i=1,2,\cdots,n)$ 满足以下关系式:

$$Q_ia-P_ib=(-1)^{i-1}r_i\,(i=1,2,\cdots,n).$$

其中,P_i, Q_i 由下面的递推式确定:

$$\begin{cases}P_i=q_iP_{i-1}+P_{i-2}\\Q_i=q_iQ_{i-1}+Q_{i-2}\end{cases}(i=2,3,\cdots,n),\quad\begin{cases}P_0=1,P_1=q_1\\Q_0=0,Q_1=1\end{cases}.$$

定理的证明需要用到数学归纳法. 有兴趣的读者可以查阅相关文献.

于是,下面的重要定理就显而易见了.

定理 1.3.5 [贝祖(Bezout)等式,也译作裴蜀定理]

$$(a,b)=d\Rightarrow\exists s,\ t\in\mathbf{Z},使\ d=sa+tb.$$

注意:本定理也可写作:

若 $d>0,d\mid a,\ d\mid b$,则 $(a,b)=d\Leftrightarrow\exists s,\ t\in\mathbf{Z}$,使 $d=sa+tb$.

读者也可以尝试直接用定理 1.3.3 证明此结论.

对于给定的具体整数 a,b,可以参照例 1.1.12,从辗转相除法的倒数第二个等式开始倒推回去,即可求得相应的 s,t 值. 但过程往往会比较繁复.

推论 1 $(a,b)=1\Leftrightarrow\exists s,t\in\mathbf{Z}$,使 $sa+tb=1$.

推论 2 $(a_1,a_2,\cdots,a_n)=d\Rightarrow\exists x_1,x_2,\cdots,x_n\in\mathbf{Z}$,使 $x_1a_1+x_2a_2+\cdots+x_na_n=d$.

同样,可改写为:若 $d>0,d\mid a_i\,(i=1,2,\cdots,n)$,则

$$(a_1,a_2,\cdots,a_n)=d\Leftrightarrow\exists x_1,x_2,\cdots,x_n\in\mathbf{Z},使\ x_1a_1+x_2a_2+\cdots+x_na_n=d.$$

定理 1.3.6 一组整数的任一公因数都是其最大公因数的因数.

证明 设 $(a_1,a_2,\cdots,a_n)=d$,则 $\exists x_1,x_2,\cdots,x_n\in\mathbf{Z}$,使 $x_1a_1+x_2a_2+\cdots+x_na_n=d$.

若 $c\mid a_i\,(i=1,2,\cdots,n)$,则 $c\mid(x_1a_1+x_2a_2+\cdots+x_na_n)$,即 $c\mid d$.

结合定理 1.3.1 与定理 1.3.6，就有：**一组整数的正公因数 d 为其最大公因数的充要条件是这组整数的任一公因数都整除 d.**

例 1.3.4 求(4 453，5 767)，并将其表示成 4 453 与 5 767 的整数组合.

解 $5\,767=4\,453\times 1+1\,314$，$4\,453=1\,314\times 3+511$，$1\,314=511\times 2+292$，

$511=292\times 1+219$，$292=219\times 1+73$，$219=73\times 3$.

故
$$\begin{aligned}(4\,453,\ 5\,767)&=(4\,453,\ 1\,314)=(1\,314,\ 511)\\&=(511,\ 292)=(292,\ 219)=(219,73)=73.\end{aligned}$$

这个过程常写成下面的形式：

	商	
4 453	1	5 767
3 942	3	4 453
511	2	1 314
292	1	1 022
219	1	292
219	3	219
0		73

	商	
b	q_1	a
r_1q_2	q_2	bq_1
r_2	q_3	r_1
r_3q_4	q_4	r_2q_3
r_4	q_5	r_3
r_5q_6	q_6	r_4q_5
0		r_5

仿例 1.1.13，从辗转相除法的倒数第二个等式出发倒推回去，即可将 73 表示成 4 453 与 5 767 的整数组合. 但过程有些繁复. 常常采用下面的方法——**欧拉算法**.

先列出表 1-3-1 的“欧拉算法表 1”（注意：最后一个商 q_{n+1} 不填）.

表 1-3-1 欧拉算法表 1

i	0	1	2	3	4	5
q_i		1	3	2	1	1
P_i	1	1 (q_1)				
Q_i	0	1				

然后，借助于定理 1.3.4，依次求出 P_i, Q_i，填入表 1-3-2 中.

表 1-3-2 欧拉算法表 2

i	0	1	2	3	4	5
q_i		1	3	2	1	1
P_i	1	1	4	9	13	22
Q_i	0	1	3	7	10	17

于是，由定理 1.3.4，$73=17\times 5\,767-22\times 4\,453$.

可见，欧拉算法比较实用、方便，后边还会用到（只是需要记住 P_0, P_1, Q_0, Q_1 及递推

公式).

1.3.2　最小公倍数及其求法

例 1.3.5　某公共汽车站共有三路公交车,每天早上六点同时发第一班车. 三路车的发车间隔时间分别是 4 min、5 min、6 min. 问最少再过多少分钟,三路公交车又一次同时发车?

问题即求 4,5,6 的最小公倍数.

定义 1.3.2　若 $a_i|m, i=1,2,\cdots,n$, 则称 m 为 $a_1, a_2,\cdots, a_n$ 的一个公倍数. 其中最小的一个正数叫 $a_1, a_2,\cdots, a_n$ 的最小公倍数, 记作 $[a_1, a_2,\cdots, a_n]$. 如 ±60, ±120, ±240,⋯都是 4, 5, 6 的公倍数,60 是 4,5,6 的最小公倍数, 即 [4,5,6]=60.

例 1.3.6　求 [162,216,378,108].

解　同例 1.3.2,有

$$
\begin{array}{r|rrrr}
2 & 162 & 216 & 378 & 108 \\ \hline
9 & 81 & 108 & 189 & 54 \\ \hline
3 & 9 & 12 & 21 & 6 \\ \hline
2 & 3 & 4 & 7 & 2 \\ \hline
 & 3 & 2 & 7 & 1
\end{array}
$$

故　　$[162,216,378,108]=2\times 9\times 3\times 2\times 3\times 2\times 7\times 1=4\,536.$

或　　$[162,216,378,108]=[162,216,378]=2\times 9\times 3\times[3,4,7]=54\times 3\times 4\times 7=4\,536.$

为什么 $[3, 4, 7, 2]=3\times 4\times 7$? 为什么 [162, 216, 378, 108]=[162, 216, 378]? 依据是什么? 请思考.

与最大公因数类似,最小公倍数也有以下明显的结论(读者也可以尝试独立证明):

(1)整数 $a_1, a_2,\cdots, a_n$ 的最小公倍数都是唯一存在的;

(2) $[a_1, a_2,\cdots, a_n]=[|a_1|,|a_2|,\cdots,|a_n|]$;(a_i 均不为 0)

(3)对任意非零整数 a, 有 $[a,1]=|a|$.

定理 1.3.7　设正整数 m 满足:① $a_i|m(i=1,2,\cdots,n)$; ②只要 $a_i|h(i=1,2,\cdots,n)$, 便有 $m|h$. 则 $m=[a_1, a_2,\cdots, a_n]$.

证明　由于对任意的正整数 h, 只要 $a_i|h(i=1,2,\cdots,n)$, 都有 $m|h$, 所以 $m\leqslant h$. 依最小公倍数定义,即有 $m=[a_1, a_2,\cdots, a_n]$.

此定理即是说,**若一组整数的所有公倍数都是其某一正公倍数的倍数,则这一正公倍数即为这组整数的最小公倍数**. 所以,要证明一个正整数是一组整数的最小公倍数,可以先证明它是公倍数,再证明任意公倍数都是它的倍数.

定理 1.3.8　一组整数的任一公倍数都是其最小公倍数的倍数.

证明　设 $[a_1,a_2,\cdots,a_n]=m$, $a_i|h(i=1,2,\cdots,n)$, 做带余除法: $h=mq+r(0\leqslant r<m)$. 则

$a_i\big|(h-mq)$，即 $a_i|r$，于是 $m|r$．而 $0\leqslant r<m$，故 $r=0$．所以，$h=mq$，即 $m|h$．

结合定理 1.3.7 与定理 1.3.8，就有：**一组整数的正公倍数 m 为其最小公倍数的充要条件是 m 整除这组整数的任一公倍数．**

1.3.3 最大公因数与最小公倍数的性质

最大公因数与最小公倍数有许多类似的性质．

性质 1 （1）$d=(a_1,\ a_2,\cdots,\ a_n)\Leftrightarrow\left(\dfrac{a_1}{d},\dfrac{a_2}{d},\cdots,\dfrac{a_n}{d}\right)=1.$

（2）$m=[a_1,\ a_2,\cdots,\ a_n]\Leftrightarrow\left(\dfrac{m}{a_1},\dfrac{m}{a_2},\cdots,\dfrac{m}{a_n}\right)=1.$

证明 （1）先证必要性"$\Rightarrow$"．

若 $d=(a_1,\ a_2,\cdots,\ a_n)$，设 $a_i=db_i\ (i=1,2,\cdots,n)$，并记 $(b_1,\ b_2,\cdots,\ b_n)=t$．

则 $t|b_i\ (i=1,2,\cdots,n)$，从而 $td|a_i\ (i=1,2,\cdots,n)$，即 $td|d$．故 $t=1$，即 $\left(\dfrac{a_1}{d},\dfrac{a_2}{d},\cdots,\dfrac{a_n}{d}\right)=1.$

再证充分性"$\Leftarrow$"．

若 $\left(\dfrac{a_1}{d},\dfrac{a_2}{d},\cdots,\dfrac{a_n}{d}\right)=1$，则 $d|a_i\ (i=1,2,\cdots,n)$．

设 $(a_1,\ a_2,\cdots,\ a_n)=c$，则 $d|c$，记 $c=de$，故 $de|a_i$．所以 $e\left|\dfrac{a_i}{d}\right.(i=1,2,\cdots,n)$，即 $e|1$．

所以，$e=1,\ c=d$，即 $(a_1,\ a_2,\cdots,\ a_n)=d$．

（2）同样先证必要性"$\Rightarrow$"．

设 $\left(\dfrac{m}{a_1},\dfrac{m}{a_2},\cdots,\dfrac{m}{a_n}\right)=t$，则 $t\left|\dfrac{m}{a_i}\right.,a_i\left|\dfrac{m}{t}\right.(i=1,2,\cdots,n)$．所以 $m\left|\dfrac{m}{t}\right.$，则 $t=1$，即 $\left(\dfrac{m}{a_1},\dfrac{m}{a_2},\cdots,\dfrac{m}{a_n}\right)=1.$

再证充分性"$\Leftarrow$"．

若 $\left(\dfrac{m}{a_1},\dfrac{m}{a_2},\cdots,\dfrac{m}{a_n}\right)=1$，记 $h=[a_1,\ a_2,\cdots,\ a_n]$，则 $a_i|h\ \ (i=1,2,\cdots,n)$，$h|m$．令 $m=hq$，则 $a_i\left|\dfrac{m}{q}\right.,q\left|\dfrac{m}{a_i}\right.(i=1,2,\cdots,n)$．

所以，$q\left|\left(\dfrac{m}{a_1},\dfrac{m}{a_2},\cdots,\dfrac{m}{a_n}\right)\right.$．即，$q|1,q=1$．于是 $m=h=[a_1,\ a_2,\cdots,\ a_n]$．

性质 2 如果 $(a_1,\ a_2,\cdots,\ a_n)=d,\ [a_1,\ a_2,\cdots,\ a_n]=m,\ c|a_i\ (i=1,2,\cdots,n),\ k\in\mathbf{N}_+$，则

（1）$(ka_1,\ ka_2,\cdots,\ ka_n)=kd,\left(\dfrac{a_1}{c},\dfrac{a_2}{c},\cdots,\dfrac{a_n}{c}\right)=\dfrac{d}{c}$；

（2）$[ka_1,\ ka_2,\cdots,\ ka_n]=km,\left[\dfrac{a_1}{c},\dfrac{a_2}{c},\cdots,\dfrac{a_n}{c}\right]=\dfrac{m}{c}.$

证明 只证（1）．[（2）留给读者证明]

$$(a_1, a_2, \cdots, a_n)=d \Leftrightarrow \left(\frac{a_1}{d}, \frac{a_2}{d}, \cdots, \frac{a_n}{d}\right)=1 \Leftrightarrow \left(\frac{ka_1}{kd}, \frac{ka_2}{kd}, \cdots, \frac{ka_n}{kd}\right)=1$$
$$\Leftrightarrow (ka_1, ka_2, \cdots, ka_n)=kd;$$

$$(a_1, a_2, \cdots, a_n)=d \Leftrightarrow \left(\frac{a_1}{d}, \frac{a_2}{d}, \cdots, \frac{a_n}{d}\right)=1 \Leftrightarrow \left(\frac{a_1/c}{d/c}, \frac{a_2/c}{d/c}, \cdots, \frac{a_n/c}{d/c}\right)=1$$
$$\Leftrightarrow \left(\frac{a_1}{c}, \frac{a_2}{c}, \cdots, \frac{a_n}{c}\right)=\frac{d}{c}.$$

性质 3

(1) $(a_1, a_2, \cdots, a_i, \cdots, a_j, \cdots, a_n)=(a_1, a_2, \cdots, a_j, \cdots, a_i, \cdots, a_n)$,

$[a_1, a_2, \cdots, a_i, \cdots, a_j, \cdots, a_n]=[a_1, a_2, \cdots, a_j, \cdots, a_i, \cdots, a_n]$;

(2) $(a_1, a_2, a_3, \cdots, a_n)=((a_1, a_2), a_3, \cdots, a_n)$,

$[a_1, a_2, a_3, \cdots, a_n]=[[a_1, a_2], a_3, \cdots, a_n]$;

(3) $(a_1, a_2, \cdots, a_r, a_{r+1}, \cdots, a_n)=((a_1, a_2, \cdots, a_r), (a_{r+1}, \cdots, a_n))$,

$[a_1, a_2, \cdots, a_r, a_{r+1}, \cdots, a_n]=[[a_1, a_2, \cdots, a_r], [a_{r+1}, \cdots, a_n]]$.

证明　只证(3)中第一式(其余的请读者自证).

令 $(a_1, a_2, \cdots, a_r, a_{r+1}, \cdots, a_n)=d$, $(a_1, a_2, \cdots, a_r)=d_1$, $(a_{r+1}, \cdots, a_n)=d_2$, $(d_1, d_2)=d_3$, 则 $d|d_1, d|d_2$, 所以 $d|(d_1, d_2)$, 即 $d|d_3$.

又 $d_3|d_1, d_3|d_2$, 所以 $d_3|a_i$ ($i=1, 2, \cdots, n$), 即 $d_3|d$.

所以, $d=d_3$.

此性质表明,求一组整数的最大公因数(或最小公倍数),可以任意交换整数的次序,可以逐步求,可以分组求.

现在回过头再去看例 1.3.2,例 1.3.6,读者还有怎样的解法?

定理 1.3.9　若 $(a,b)=1$, 则 $[a,b]=ab$.

证明　由于 $\left(\frac{ab}{a}, \frac{ab}{b}\right)=(b,a)=1$, 所以由性质 1, 知 $[a,b]=ab$.

推论 1　$[a,b](a,b)=ab$.

证明　设 $(a,b)=d$, 则 $\left(\frac{a}{d}, \frac{b}{d}\right)=1$, 所以, $\left[\frac{a}{d}, \frac{b}{d}\right]=\frac{a}{d}\cdot\frac{b}{d}=\frac{ab}{d^2}$.

于是, $[a,b]=d\left[\frac{a}{d}, \frac{b}{d}\right]=d\cdot\frac{a}{d}\cdot\frac{b}{d}=\frac{ab}{d}=\frac{ab}{(a,b)}$. 所以, $[a,b](a,b)=ab$.

一般,若 $(a,b)=d$, 则可设 $a=dx, b=dy, (x,y)=1$, 此时, $[a,b]=dxy$.

推论 2　若 $a|c, b|c, (a,b)=1$, 则 $ab|c$.

定理 1.3.10　若 $a|bc$, 且 $(a,b)=1$, 则 $a|c$.

证明 1　因为 $(a,b)=1$, 所以 $\exists s,t\in \mathbf{Z}$, 使 $sa+tb=1$. 从而 $sac+tbc=c$. 因为 $a|ac, a|bc$, 故

$a\mid(sac+tbc)$,即$a\mid c$.(定理 1.3.9 亦可用此法证明).

证明 2 因为$a\mid ac,a\mid bc$,所以$a\mid(ac,bc),a\mid(a,b)c,a\mid c$.

证明 3 因为$a\mid bc,b\mid bc$,所以$[a,b]\mid bc$,即$ab\mid bc$,故$a\mid c$.

推论 设p为质数,若$p\mid ab$,则$p\mid a$或$p\mid b$.(请读者自证)

定理 1.3.11 若$(a,b)=1$,则$(a,bc)=(a,c)$.

证明 设$(a,bc)=d$,则$d\mid ac,d\mid bc$,从而$d\mid(ac,bc),d\mid(a,b)c,d\mid c$.所以,$d\mid(a,c)$.又$(a,c)\mid(a,bc)$,即$(a,c)\mid d$,所以,$(a,c)=d=(a,bc)$.

推论 1 若$(a,b_i)=1(i=1,2,\cdots,n)$,则$\left(a,\prod\limits_{i=1}^{n}b_i\right)=1$.

推论 2 若$(a_i,b_j)=1(i=1,2,\cdots,n,\ j=1,2,\cdots,n)$,则$\left(\prod\limits_{i=1}^{n}a_i,\prod\limits_{j=1}^{n}b_j\right)=1$.

推论 3 若$(a,b)=1$,则$(a^m,b^n)=1$.

三个推论的证明比较容易,请读者自己证明.

例 1.3.7 设$(a,b)=1$,求证:$(ab,a+b)=1$.

证明 由于$(a,a+b)=(a,b)=1$,$(b,a+b)=(b,a)=1$,所以,$(ab,a+b)=1$.

例 1.3.8 设$(a,b)=1$,求$(a+b,a-b)$.

解 设$(a+b,a-b)=d$,则$d\mid[(a+b)\pm(a-b)]$,即$d\mid 2a$,$d\mid 2b$.

所以,$d\mid(2a,2b)$,$d\mid 2(a,b)$,$d\mid 2$.故$d=1$或2,即$(a+b,a-b)=1$或2.

习题 1.3

1. 求(198,252);[198,252];(360,450,540);[360,450,540].

2. 设$n,t\in\mathbf{N}_+$,试计算:

(1)$(39n+5,26n+4)$;(2)$(2^t-1,2^t+1)$.

3. 写出不超过 150 的四个正整数,使它们的最大公因数是 1,但任何三个都不互质.

4. 请使用辗转相除法求解下列各组数的最大公约数.

(1)(138, 46);(2)(216, 32);(3)(68, 204);

(4)(72, 120);(5)(82, 123);(6)(12 345, 678).

5. 用欧拉算法完成下列各题:

(1)将(7 740,3 420)表示成 7 740 与 3 420 的倍数和;

(2)求整数s,t,使$96s+252t=(96,252)$.

6. 设$a,b\in\mathbf{N}_+,a<b$,试根据以下不同条件,求a,b.

(1)$ab=3\,174$,$(a,b)=23$;

(2)$a+b=350$,$(a,b)=70$;

(3)$(a,b)=12,[a,b]=1\,080$;

（4）$(a,b)=24,[a,b]=144,\ a+b=120$.

7. 某大于 2 的整数除 199，233，335，所得余数相同，求此整数及余数.

8. 求证：$\sqrt{12}$, $\log_3 7$ 为无理数.

9. 设 $\frac{a}{b},\frac{c}{d}$ 均为既约分数，且 $(b,d)=1$，求证：$\frac{ad+bc}{bd}$ 是既约分数.

10. 有编号为 1~15 的 15 个学生，1 号学生写了一个多位数，结果其余 14 个学生都说，自己的编号能整除这个数. 1 号学生逐个检验后，发现只有两个编号连续的同学说得不对，其余都对. 问：

（1）说得不对的两个学生的编号是多少；

（2）已知 1 号同学写的是五位数，试求这个五位数.

11. 甲、乙、丙 3 人在环形跑道上跑步，他们同时从同地出发，同向而行，8 min 后 3 人第一次同时回到出发地，已知 3 人的跑步速度分别为 120、150、180 m/min. 求跑道长并计算当 3 人第一次同时回到出发地时各跑了几圈.

课外补充题 1.3

1. 证明：$121\nmid(n^2+2n+12)$，$n\in\mathbf{Z}$.

2. 设 a,b 是整数，且 $9|(a^2+ab+b^2)$，则 $3|(a,b)$.

3. 设 $x,y\in\mathbf{Z}$，$17|(2x+3y)$，证明：$17|(9x+5y)$.

4. 设 a,b 是正整数，证明：$(a+\mathrm{b})[a,b]=a[b,a+b]$.

5. 在 m 个盒子中放若干个硬币，然后以下述方式往这些盒子里继续放硬币：每一次在 n（$n<m$）个盒子中各放一个硬币. 证明：若$(m,n)=1$，那么无论开始时每个盒子中有多少硬币，经过若干次放硬币后，总可使所有盒子含有同样数量的硬币.

6. 计算：(27 090, 21 672, 11 352).

7. 若 4 个整数 2 836, 4 582, 5 164, 6 522 被同一个大于 1 的整数除所得的余数相同，且不等于零，求除数和余数各是多少？

8. 求证：（1）$[a,b,c](ab,bc,ca)=abc$;

（2）$(a,b,c)(ab,bc,ca)=(a,b)(b,c)(c,a)$.

9. 设正整数 $A=10x+y\left(x\subset\mathbf{N}_+,y\in\{0,1,2,\cdots,9\}\right)$. 求证：（1）$(10n+1)|A\Leftrightarrow(10n+1)|(x-ny)$ $(n\in\mathbf{N}_+)$；（2）$(10n-1)|A\Leftrightarrow(10n-1)|(x+ny)(n\in\mathbf{N}_+)$.

1.4　算术基本定理

借助表 1-1-1 至表 1-1-6，不难发现以下结论：

凡不能被 2 整除的整数（即表 1-1-1 中不在第 1 列的数，亦即所有奇数）都与 2 互质；

凡不能被 3 整除的整数（即表 1-1-2 中不在第 1 列的数）都与 3 互质；

凡不能被 5 整除的整数（即表 1-1-4 中不在第 1 列的数）都与 5 互质；

凡不能被 7 整除的整数(即表 1-1-6 中不在第 1 列的数)都与 7 互质;

凡不能被 11 整除的整数(即 11 列数表中不在第 1 列的数)都与 11 互质;

……

据此,你能猜到什么?将你的猜想写下来,并尝试证明.

定理 1.4.1 设 p 为质数, a 为整数,则 $p|a$ 或 $(p,a)=1$.

证明 1 记 $(p,a)=d$,则 $d|p$. 由于 p 为质数,所以 $d=1$ 或 p.

$d=1$ 时, $(p,a)=1$; $d=p$ 时, $(p,a)=p$, $p|a$.

证明 2 设 $a=pq+r, 0\leqslant r\leqslant p-1$,

则 $(a,p)=(pq+r,p)=(r,p)=\begin{cases}p, & r=0,\\ 1, & 0<r\leqslant p-1.\end{cases}$

即 $p|a$ 或 $(a,p)=1$.

定理 1.4.2 设 p 为质数,且 $p\left|\prod\limits_{i=1}^{n}a_i\right.$,则 $\exists i\in\{1,2,\cdots,n\}$,使 $p|a_i$.

(读者可尝试运用反证法证明)

由于每个合数都有质因数,所以一直分解下去,总可以分解成若干质因数的乘积. 如 $360=2^3\times3^2\times5$, $7\,200=2^5\times3^2\times5^2$.

定理 1.4.3(算术基本定理) 设 a 为大于 1 的整数,则必有 $a=\prod\limits_{i=1}^{n}p_i$($p_i$ 是质数),且在不计次序的意义下,表达式是唯一的.

证明 当 a 为质数时,结论显然成立. 当 a 为合数时, a 必有质因数 p_1,使 $a=p_1a_1(1<a_1<a)$. 当 a_1 为质数时,结论显然成立. 当 a_1 为合数时, a_1 必有质因数 p_2,使 $a=p_1p_2a_2(1<a_2<a_1<a)$. 仿此继续下去,由于大于 1 而小于 a 的整数仅有有限个,所以经有限步后,必然会得到某个 a_i 为质数,从而终止分解,即 $a=\prod\limits_{i=1}^{n}p_i$($p_i$ 是质数).

下面证唯一性. 假设 a 还有表达式 $a=\prod\limits_{i=1}^{m}q_i$($q_i$ 是质数),不妨设

$$p_1\leqslant p_2\leqslant\cdots\leqslant p_n,\qquad q_1\leqslant q_2\leqslant\cdots\leqslant q_m,$$

于是, $p_1\left|\prod\limits_{i=1}^{m}q_i\right.$, $q_1\left|\prod\limits_{i=1}^{n}p_i\right.$. 从而,有 p_s,q_t,使 $p_1|q_t$, $q_1|p_s$. 但它们都是质数,所以 $p_1=q_t$, $q_1=p_s$. 于是, $q_1\leqslant q_t=p_1\leqslant p_s=q_1$,即 $q_1=q_t=p_1=p_s$. 这样,便有 $\prod\limits_{i=2}^{n}p_i=\prod\limits_{j=2}^{m}q_j$. 同样可得 $p_2=q_2$. 照此一直下去,即得 $m=n$, $p_i=q_i(i=1,2,\cdots,n)$,即 a 的表达式是唯一的.

由此定理立即可得以下推论.

推论 1 大于 1 的整数 a 均能唯一地表示成

$$a=p_1^{\alpha_1}p_2^{\alpha_2}\cdots p_s^{\alpha_s}(\alpha_i>0,i=1,2,\cdots,s,p_1<p_2<\cdots<p_s).(p_i\text{是质数})$$

此式称为 a 的标准分解式. 在应用中,为方便,有时在标准式中插入一些质数的零次幂,

表示成

$$a = p_1^{\alpha_1} p_2^{\alpha_2} \cdots p_s^{\alpha_s} \left(\alpha_i \geqslant 0, i = 1,2,\cdots,s, p_1 < p_2 < \cdots < p_s\right).（p_i \text{是质数}）$$

推论 2　设大于 1 的整数 a 的标准分解式为

$$a = p_1^{\alpha_1} p_2^{\alpha_2} \cdots p_s^{\alpha_s} \left(\alpha_i > 0, i = 1,2,\cdots,s, p_1 < p_2 < \cdots < p_s\right).（p_i \text{是质数}）$$

则 c 为 a 的正因数当且仅当

$$c = p_1^{\beta_1} p_2^{\beta_2} \cdots p_s^{\beta_s} \left(\alpha_i \geqslant \beta_i \geqslant 0, i = 1,2,\cdots,s\right).$$

推论 3　设 a,b 是两个任意的正整数，且

$$a = p_1^{\alpha_1} p_2^{\alpha_2} \cdots p_s^{\alpha_s},\quad b = p_1^{\beta_1} p_2^{\beta_2} \cdots p_s^{\beta_s} \left(\alpha_i \geqslant 0, \beta_i \geqslant 0, i = 1,2,\cdots,s, p_1 < p_2 < \cdots < p_s\right).（p_i$$

是质数）

则　　$(a,b) = p_1^{\gamma_1} p_2^{\gamma_2} \cdots p_s^{\gamma_s}$，　　$[a,b] = p_1^{\delta_1} p_2^{\delta_2} \cdots p_s^{\delta_s}$.

其中　　$\gamma_i = \min\{\alpha_i, \beta_i\}, \delta_i = \max\{\alpha_i, \beta_i\}, i = 1,2,\cdots,s$.

以上几则推论的证明比较容易，读者可以尝试独立证明.

算术基本定理是数论中最基本、最重要的定理. 将一个正整数写成标准分解式，称为分解质因数. 分解质因数多用短除法.

例 1.4.1　求（162,216,378,108），[162,216,378,108].

解　因为 $162=2\times3^4$，$216=2^3\times3^3$，$378=2\times3^3\times7$，$108=2^2\times3^3$；

所以，(162,216,378,108) $=2\times3^3=54$，[162,216,378,108] $=2^3\times3^4\times7=4\,536$.

本例即例 1.3.2 与例 1.3.6，大家可以对照一下前后解法，体会一下不同方法的优缺点. 还可以尝试用分解质因数的方法求解例 1.3.4 及例 1.3.9.

例 1.4.2　将以下 8 个数 0.14，0.33，0.35，0.3，0.75，0.39，1.43，1.69 分成两组（每组 4 个），怎样分才能使两组数的乘积相等？

解　先将每个数都扩大 100 倍，变为整数，再进行质因数分解.

$14=2\times7$，　　$33=3\times11$，　　$35=5\times7$，　　$30=2\times3\times5$，

$75=3\times5^2$，　　$39=3\times13$，　　$143=11\times13$，　　$169=13^2$.

8 个数的乘积 $N = 2^2\times3^4\times5^4\times7^2\times11^2\times13^4$. 所以要使两组数乘积相等，每组数字的乘积 $\sqrt{N} = 2\times3^2\times5^2\times7\times11\times13^2$. 于是，可按质因数分配. 易知，两组数分别为

（0.14,0.75,0.39,1.43）和（0.3,0.35,0.33,1.69）

或　　（0.14,0.75,0.33,1.69）和（0.3,0.35,0.39,1.43）.

例 1.4.3　设 $a,b\in\mathbf{N}_+$，规定一种运算"※"：$a※b = a(a+1)(a+2)\cdots(a+b-1)$，如果 $(x※3)※4 = 421\,200$，那么自然数 x 是多少？

解　令 $x※3 = y$，则 $y(y+1)(y+2)(y+3) = 421\,200 = 2^4\times3^4\times5^2\times13$.

由于 $20^4 < 421\,200 < 30^4$，所以 $y > 20, y+3 < 30$. 又质因数中有 13，所以必有 26. 易知，四个连续的整数只能是 24,25,26,27，于是 $y = 24$. 即 $x(x+1)(x+2) = 24, x = 2$.

例 1.4.4　设 $p = \overline{ab}, q = \overline{cd}$ 是两个不同的两位质数，并且四位数 $\overline{abcd}$ 能被 $\dfrac{p+q}{2}$ 整除，试求满足条件的四位数 $\overline{abcd}$.

解 由已知，$\frac{p+q}{2}\big|(100p+q)$，$(p+q)\big|(200p+2q)$，$(p+q)\big|198p$.

又$(p,p+q)=(p,q)=1$,所以$(p+q)\big|198$，$198=2\times3^2\times11$，$p+q>11+13=24$.

又$p+q$必为偶数,所以$p+q=66=13+53=19+47=23+43=29+37$.

于是可得满足条件的 8 个四位数：

1 353,5 313,1 947,4 719,2 343,4 323,2 937,3 729.

习题 1.4

1. 求下列各数的标准分解式:(1)20!;(2)999 999.

2. 使用分解质因数的方式求解下列各题：

(1)(90,108,120)；(2)[90,108,120].

3. 把 9 个数 180,210,450,616,630,660,980,990,1 260 分成 3 组,每组 3 个数,使各组 3 个数之积相等.

4. 已知 $43\ 200a=b^5$,求正整数a的最小值.

5. 某人出生年、月、日的数字之积为 226 895,求其出生年、月、日.

6. 若$a,b,c\in\mathbf{N}_+,a^2=bc,(b,c)=1$,求证：$b,c$均为平方数.

课外补充题 1.4

1. 求下列各数的标准分解式:(1)51 480;(2)22 345 680.

2. 证明:在 $1,2,\cdots,2n$ 中任取 $n+1$ 数,其中至少有一个能被另一个整除.

3. 设a,b是正整数,证明:存在a_1,a_2,b_1,b_2,使得$a=a_1a_2,b=b_1b_2,(a_2,b_2)=1$,并且$[a,b]=a_2b_2$.

4.(1)设$[a,b]=72,a\neq b$,那么，$a+b$有多少种不同的值？

(2)设$(a,b)=12,[a,c]=[b,c]=300$,那么,符合条件的有序数组a，b，c共有多少组？

1.5 数论中的几个常用函数

数论中经常会出现一些特殊函数,如$[x],\varphi(n),d(n),s(n)$等,它们的共同特点是函数值总是整数.

1.5.1 $[x]$与$\{x\}$

上小学时,我们常常把假分数写成带分数,即“整数 + 真分数”的形式. 实际上,在很多情况下,需要把一个实数x写成“整数n + 纯小数s”的形式. 所谓“纯小数”指的是**小于 1 的非负实数**. 由此,我们可以断定,所得到的这个整数n一定不会超过原来的实数x，并且一定大于$x-1$.

定义 1.5.1 设$x\in\mathbf{R}$,以$[x]$表示不超过x的最大整数,则称$[x]$为x的整数部分或高斯函数. $x-[x]$称为x的小数部分,记作$\{x\}$.

显然，$[x]$ 就相当于前面提到的 n，$\{x\}$ 就相当于 s. 由定义 1.5.1 立即可得：

$$x-1<[x]\leqslant x<[x]+1,\ 0\leqslant\{x\}<1.$$

如，$[5.4]=5$，$\{5.4\}=0.4$，$[-2.3]=-3$，$\{-2.3\}=0.7$，$[0.3]=0$，$\{0.3\}=0.3$，$[-0.4]=-1$，$\{-0.4\}=0.6$，

$$[-\pi]=-4,\ \{-\pi\}=4-\pi,\ \left[\frac{\sqrt{5}+1}{2}\right]=1,\ \left\{\frac{\sqrt{5}+1}{2}\right\}=\frac{\sqrt{5}+1}{2}-1=\frac{\sqrt{5}-1}{2}.$$

根据定义 1.5.1，不难画出 $[x]$ 及 $\{x\}$ 的图像，如图 1-5-1 和图 1-5-2 所示.

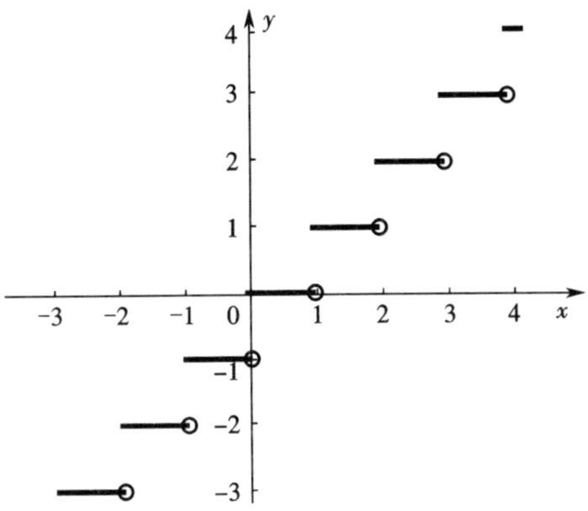

图 1-5-1　$y=[x]$ **的图像**

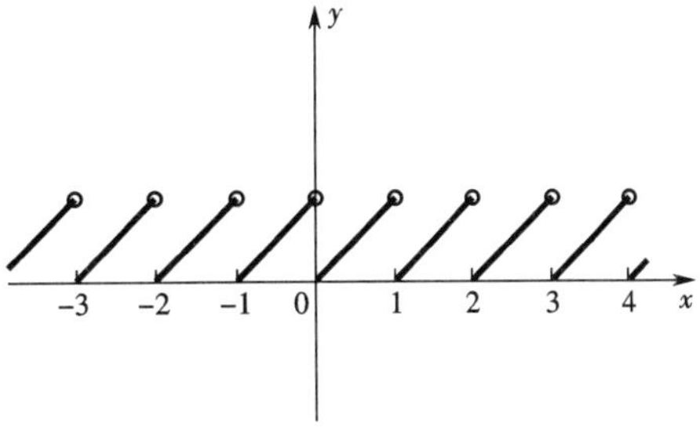

图 1-5-2　$y=\{x\}$ **的图像**

高斯函数的应用非常广，它有许多独特的性质，我们常会用到.

性质 1　高斯函数是单调增加的（不严格的增函数）. 即，若 $x\leqslant y$，则 $[x]\leqslant[y]$.

（否则，若有 $[x]>[y]$，则有 $[x]\geqslant[y]+1$，使 $x=[x]+\{x\}\geqslant[y]+1+\{x\}>[y]+\{y\}=y$. 矛盾）

性质 2　设 $x\in\mathbf{R}$，$n\in\mathbf{Z}$，则 $[x+n]=[x]+n$；$\{x+n\}=\{x\}$.

（读者可以自证并尝试做出几何解释. 此性质表明，计算高斯函数时，整数部分可以移到方括号外边，小数部分则以整数为周期）

性质 3　设 $x,y\in\mathbf{R}$，则

$$[x]+[y]\leqslant[x+y]\leqslant[x]+[y]+1;$$

$$\{x\}+\{y\}-1\leqslant\{x+y\}\leqslant\{x\}+\{y\}.$$

证明　$x+y=[x]+\{x\}+[y]+\{y\}=([x]+[y])+(\{x\}+\{y\})$.

由于 $0\leqslant\{x\}+\{y\}<2$，

所以，当 $0\leqslant\{x\}+\{y\}<1$ 时，$[x+y]=[x]+[y]$，$\{x+y\}=\{x\}+\{y\}$；

当 $1\leqslant\{x\}+\{y\}<2$ 时，$[x+y]=[x]+[y]+1$，$\{x+y\}=\{x\}+\{y\}-1$.

故总有 $[x]+[y]\leqslant[x+y]\leqslant[x]+[y]+1$；$\{x\}+\{y\}-1\leqslant\{x+y\}\leqslant\{x\}+\{y\}$.

性质 4　设 $x\in\mathbf{R}$，则 $[-x]=\begin{cases}-[x],\ x\in\mathbf{Z},\\-[x]-1,x\notin\mathbf{Z};\end{cases}$ $\{-x\}=\begin{cases}0,\ x\in\mathbf{Z},\\1-\{x\},x\notin\mathbf{Z}.\end{cases}$（请读者自证）

性质 5　对任意正整数 n，有 $\left[\dfrac{x}{n}\right]=\left[\dfrac{[x]}{n}\right]$.

证明 由带余除法知，存在整数 q,r，使 $[x]=nq+r(0\leqslant r<n)$.

从而 $\dfrac{[x]}{n}=q+\dfrac{r}{n}\left(0\leqslant\dfrac{r}{n}<1\right)$.

所以 $\left[\dfrac{[x]}{n}\right]=q$. 且

$$\frac{x}{n}=\frac{[x]+\{x\}}{n}=q+\frac{r+\{x\}}{n}.$$

由于 $0\leqslant r\leqslant n-1, 0\leqslant\{x\}<1, 0\leqslant r+x<n$，所以 $0\leqslant\dfrac{r+\{x\}}{n}<1$.

于是 $\left[\dfrac{x}{n}\right]=q=\left[\dfrac{[x]}{n}\right]$.

注意：当 n 为负整数时，本结论也成立.

推论 1 设 $a,b,n\in\mathbf{N}_+$，则 $\left[\dfrac{n}{ab}\right]=\left[\dfrac{[n/a]}{b}\right]$.

推论 2 设 $x\in\mathbf{R}_+, n\in\mathbf{N}_+$，则在从 1 到 x 的整数中，n 的倍数有 $\left[\dfrac{x}{n}\right]$ 个.（请读者自证）

例 1.5.1 求证：$[2x]+[2y]\geqslant[x]+[x+y]+[y]$.

证明 由于

$$[2x]+[2y]=[2[x]+2\{x\}]+[2[y]+2\{y\}]=2[x]+2[y]+[2\{x\}]+[2\{y\}],$$

$$[x+y]=[[x]+\{x\}+[y]+\{y\}]=[x]+[y]+[\{x\}+\{y\}],$$

所以，只需证明

$$[2\{x\}]+[2\{y\}]\geqslant[\{x\}+\{y\}]. \qquad ①$$

又 $0\leqslant\{x\}+\{y\}<2$，$[\{x\}+\{y\}]=0$ 或 1.

当 $[\{x\}+\{y\}]=0$ 时，式①显然成立；

当 $[\{x\}+\{y\}]=1$ 时，$\{x\},\{y\}$ 至少有一个不小于 0.5，所以式①左端不小于 1，式①也成立.

故总有 $[2x]+[2y]\geqslant[x]+[x+y]+[y]$.

为便于理解式①，可以对 x,y 赋值. 如，可以分别令

$x=0.3, y=0.4$; $x=0.6, y=0.4$; $x=0.7, y=0.8$ 等.

例 1.5.2 求值：$[\log_2 1]+[\log_2 2]+[\log_2 3]+\cdots+[\log_2 1\,024]$.

解 先化简：

$$\begin{aligned}&[\log_2 1]+[\log_2 2]+[\log_2 3]+\cdots+[\log_2 1\,024]\\&=0+([\log_2 2]+[\log_2 3])+([\log_2 4]+[\log_2 5]+[\log_2 6]+[\log_2 7])+\\&\quad([\log_2 8]+[\log_2 9]+\cdots+[\log_2 15])+\\&\quad([\log_2 16]+[\log_2 17]+\cdots+[\log_2 31])+\cdots+\end{aligned}$$

$$\left([\log_2 512]+[\log_2 513]+\cdots+[\log_2 1\,023]\right)+ [\log_2 1024]$$
$$=1\times 2+2\times 2^2+3\times 2^3+4\times 2^4+\cdots+9\times 2^9+10.$$

令 $S=1\times 2+2\times 2^2+3\times 2^3+4\times 2^4+\cdots+9\times 2^9$，则

$$2S=1\times 2^2+2\times 2^3+3\times 2^4+4\times 2^5+\cdots+9\times 2^{10},$$
$$S=-2-2^2-2^3-2^4-\cdots-2^9+9\times 2^{10}$$
$$=-\left(2^{10}-2\right)+9\times 2^{10}$$
$$=8\times 2^{10}+2$$
$$=8\,194.$$

故原式的值为 8 194+10=8 204.

关键：当 $2^k\leqslant n<2^{k+1}$ 时，$[\log_2 n]=k$.

例 1.5.3　解下列方程：

（1）$3x+5[x]-50=0$；（2）$3x+\{x\}=[x]$；（3）$[x]^2=x\{x\}$.

解　（1）$3([x]+\{x\})+5[x]-50=0, 3\{x\}=50-8[x]$.

由于 $0\leqslant 3\{x\}<3$，所以 $50-8[x]=0, 1, 2$. 又 $[x]$ 是整数，所以

$$[x]=6, \{x\}=\frac{2}{3}, x=6+\frac{2}{3}=6\frac{2}{3}.$$

（2）$3([x]+\{x\})+\{x\}=[x]$，$2\{x\}=-[x]$，$0\leqslant 2\{x\}<2$，$-[x]=0,1$.

$[x]=0$ 时，$x=0$；$[x]=-1$ 时，$\{x\}=0.5$，$x=-1+0.5=-0.5$.

故 $x=0$ 或 $x=-0.5$.

（3）显然 $x\geqslant 0$. $[x]^2=([x]+\{x\})\{x\}$，$[x]([x]-\{x\})=\{x\}^2$.

当 $[x]\geqslant 2$ 时，$[x]([x]-\{x\})>2\times 1=2, \{x\}^2<1$，矛盾. 所以 $[x]=0,1$.

当 $[x]=0$ 时，$x=0$；

当 $[x]=1$ 时，$\{x\}^2+\{x\}=1, \{x\}=\dfrac{\sqrt{5}-1}{2}, x=1+\dfrac{\sqrt{5}-1}{2}=\dfrac{\sqrt{5}+1}{2}$.

所以，$x=0$ 或 $x=\dfrac{\sqrt{5}+1}{2}$.

可以看到，解含有高斯函数的方程，关键在于两条：

（1）将未知量写成整数部分与小数部分之和，即 $x=[x]+\{x\}$；

（2）小数部分是小于 1 的非负数，整数部分当然只能取整数，即 $0\leqslant\{x\}<1, [x]\in\mathbf{Z}$.

1.5.2　正整数的 p 成分的幂指数

所谓正整数的 p 成分的幂指数，是指能从这个正整数中分解出的质因数 p 的最高次数，简称 p 指数. 如 $21\,600=2^5\times 3^4\times 5^2$，就说 21 600 的 2 指数为 5，3 指数为 4，5 指数为 2.

定义 1.5.2　设 p 为质数，且 $p^n\mid a$，$p^{n+1}\nmid a$ $(a,n\in\mathbf{N}_+)$，则称 a 的 p 成分的幂指数为 n，记

作 $v_p(a)=n$.

易见 a 的标准分解式中质数 p 的指数 n 即为 a 的 p 指数. 读者不妨计算一下: $v_5(30!)$, $v_5(300!)$, $v_5(3\ 000!)$. 计算的过程及方法未必相同,但一定会得到相同的结果.

定理 1.5.1 $v_p(n!)=\left[\dfrac{n}{p}\right]+\left[\dfrac{n}{p^2}\right]+\cdots+\left[\dfrac{n}{p^k}\right]\left(p^k\leqslant n<p^{k+1}\right)$.

定理的证明十分简单,只需提醒一点, $\left[\dfrac{n}{p^{k+t}}\right]=0\left(t\in\mathbf{N}_+\right)$.

读者不妨考虑,如何计算:

(1)2 025! 的末尾有多少个 0;

(2)使 $\dfrac{2\ 025!}{10^k}$ 为整数的最大自然数 k;

(3)使 $\dfrac{101\times102\times\cdots\times1\ 000}{42^k}$ 为整数的最大自然数 k .

[提示: 前两个问题只需计算 $v_5(2\ 025!)$, 后一个问题则需计算 $v_7\left(\dfrac{1000!}{100!}\right)=v_7(1000!)-v_7(100!)$, 为什么?]

易证, $v_p\left(\prod\limits_{i=1}^{n}a_i\right)=\sum\limits_{i=1}^{n}v_p(a_i)$.

例 1.5.4 求证:(1) $[a,b,c](ab,bc,ca)=abc=(a,b,c)[ab,bc,ca]$;

(2) $(a,b,c)(ab,bc,ca)=(a,b)(b,c)(c,a)$.

分析 只需证明:对任意质数 p,等式两边的 p 指数都相等.

证明 对于质数 p, 记 $v_p(a)=\alpha, v_p(b)=\beta, v_p(c)=\gamma$, 不妨设 $\alpha\leqslant\beta\leqslant\gamma$,则

(1) $v_p([a,b,c](ab,bc,ca))=v_p([a,b,c])+v_p((ab,bc,ca))$

$=\max\{v_p(a),v_p(b),v_p(c)\}+\min\{v_p(ab),v_p(bc),v_p(ca)\}$

$=\max\{\alpha,\beta,\gamma\}+\min\{\alpha+\beta,\beta+\gamma,\gamma+\alpha\}$

$=\gamma+\alpha+\beta$.

$v_p(abc)=v_p(a)+v_p(b)+v_p(c)=\alpha+\beta+\gamma$.

$v_p([a,b,c](ab,bc,ca))=v_p(abc)$.

$[a,b,c](ab,bc,ca)=abc$.

等式后半部分的证明留给读者.

(2) $v_p((a,b)(b,c)(c,a))=v_p((a,b))+v_p((b,c))+v_p((c,a))=\alpha+\beta+\alpha=2\alpha+\beta$,

$v_p((a,b,c)(ab,bc,ca))=v_p((a,b,c))+v_p((ab,bc,ca))=\alpha+(\alpha+\beta)=2\alpha+\beta$.

$v_p((a,b)(b,c)(c,a))=v_p((a,b,c)(ab,bc,ca))$,

故 $(a,b)(b,c)(c,a)=(a,b,c)(ab,bc,ca)$.

本例若用 1.3 节所学知识解答,则需要使用一些技巧,颇有难度. 事实上, 1.3 节中的不

少结论均可以借助正整数的 p 指数来解决.

1.5.3　正整数的正因数个数与正因数之和

72 有多少个正因数？960 有多少个正因数？57 600 有多少个正因数?……

比较明智的办法是,将这些正整数分解质因数,写出它们的标准分解式. 按一定的规律写出所有的正因数,易得结论.

一般地,**设正整数 n 的标准分解式为 $n=p_1^{\alpha_1}p_2^{\alpha_2}\cdots p_s^{\alpha_s}$,$d(n)$ 为 n 的正因数个数,则有公式**

$$d(n)=(\alpha_1+1)(\alpha_2+1)\cdots(\alpha_s+1).$$

证明　由算术基本定理(定理 1.4.3)推论 2 知,当且仅当

$$c=p_1^{\beta_1}p_2^{\beta_2}\cdots p_s^{\beta_s}\ (\alpha_i\geqslant\beta_i\geqslant 0,i=1,2,\cdots,s)$$

时,c 为 a 的正因数.

考虑 p_i 的指数 β_i 共有 (α_i+1) 个可取值,由乘法原理易知,

$$d(n)=(\alpha_1+1)(\alpha_2+1)\cdots(\alpha_s+1).$$

据此可知,当且仅当所有 α_i 均为偶数时,$d(n)$ 为奇数. 即当且仅当 $d(n)$ 为奇数时,n 为平方数(例 1.1.6 结论).

请读者利用 $d(n)=(\alpha_1+1)(\alpha_2+1)\cdots(\alpha_s+1)$ 证明:若 $(a,b)=1$,则

$$d(ab)=d(a)d(b).$$

例 1.5.5　求 n 的所有正因数的积 M .

解　将 n 的所有正因数从小到大依次记为 $c_1,c_2,\cdots,c_{d(n)}$,则

$$M^2=\left(c_1c_{d(n)}\right)\left(c_2c_{d(n)-1}\right)\cdots\left(c_{d(n)}c_1\right)=n^{d(n)},$$

所以,$M=\sqrt{n^{d(n)}}=n^{\frac{d(n)}{2}}$.

此处,关键在于运用了“配偶因数”,即配对思想.

例 1.5.6　(1)求 $d(n)=10$ 的最小正整数 n;

(2)已知大于 1 的正整数 $n\leqslant 20$,求当 n 为何值时,n 的所有正因数的积为 n^2.

解　(1)由 $d(n)=10=9+1=(1+1)(4+1)$, 知 $n=p^9$ 或 $n=p_1^4p_2\ (p_1\neq p_2)$. 故最小正整数 $n=2^4\times 3=48$.

(2)由例 1.5.5 知,$n^{\frac{d(n)}{2}}=n^2,\dfrac{d(n)}{2}=2,d(n)=4$. $n=p^3$ 或 $n=p_1p_2\ (p_1\neq p_2)$.

故 $n=8,6,10,14,15$.

前面计算过 72,960,57 600 的正因数个数,如果将每个数的全部正因数按一定的规律列出来,一定可以找到计算这些正因数的和的办法.

一般地,**设正整数 n 的标准分解式为 $n=p_1^{\alpha_1}p_2^{\alpha_2}\cdots p_s^{\alpha_s}$,记 n 的一切正因数的和为 $s(n)$,则有公式**

$$s(n)=\left(1+p_1+p_1^{\ 2}+\cdots+p_1^{\ \alpha_1}\right)\left(1+p_2+p_2^{\ 2}+\cdots+p_2^{\ \alpha_2}\right)\cdots\left(1+p_s+p_s^{\ 2}+\cdots+p_s^{\ \alpha_s}\right)$$

$$=\frac{p_1^{\alpha_1+1}-1}{p_1-1}\cdot\frac{p_2^{\alpha_2+1}-1}{p_2-1}\cdot\cdots\cdot\frac{p_s^{\alpha_s+1}-1}{p_s-1}.$$

不管你是否自己独立发现了这个公式，只要认真探究过，理解起来应该不困难. 结论的证明有好多方法，下面的证明思路比较容易理解.

证明 考虑乘积

$$\left(1+p_1+p_1^{\ 2}+\cdots+p_1^{\alpha_1}\right)\left(1+p_2+p_2^{\ 2}+\cdots+p_2^{\alpha_2}\right)\cdots\left(1+p_s+p_s^{\ 2}+\cdots+p_s^{\alpha_s}\right),$$

显然，其展开式共有 $(\alpha_1+1)(\alpha_2+1)\cdots(\alpha_s+1)$ 项，且每一项都形如

$$p_1^{\beta_1}p_2^{\beta_2}\cdots p_s^{\beta_s}\ (0\leqslant\beta_i\leqslant\alpha_i, i=1,2,\cdots,s),$$

所以，每一项都是 $n=p_1^{\alpha_1}p_2^{\alpha_2}\cdots p_s^{\alpha_s}$ 的一个正因数. 另一方面，$n=p_1^{\alpha_1}p_2^{\alpha_2}\cdots p_s^{\alpha_s}$ 的每一个正因数都是这样的形式，并且 n 恰有 $(\alpha_1+1)(\alpha_2+1)\cdots(\alpha_s+1)$ 个正因数，故有

$$s(n)=\left(1+p_1+p_1^2+\cdots+p_1^{\alpha_1}\right)\left(1+p_2+p_2^2+\cdots+p_2^{\alpha_2}\right)\cdots\left(1+p_s+p_s^2+\cdots+p_s^{\alpha_s}\right).$$

再用等比数列求和公式即证得最后结论.

例 1.5.7 已知 $s(n)$ 为奇数，试判断 n 应满足什么条件.

解 设 $n=p_1^{\alpha_1}p_2^{\alpha_2}\cdots p_s^{\alpha_s}$，则

$$s(n)=\left(1+p_1+p_1^2+\cdots+p_1^{\alpha_1}\right)\left(1+p_2+p_2^2+\cdots+p_2^{\alpha_2}\right)\cdots\left(1+p_s+p_s^2+\cdots+p_s^{\alpha_s}\right).$$

当 p 为奇数时，“$\left(1+p+p^2+\cdots+p^{\alpha}\right)$ 为奇数”当且仅当“α 为偶数”. 所以，当所有 p_i 均为奇数时，由于 $s(n)$ 为奇数，故 d_i 必为偶数，即 n 为平方数.

又 $\left(1+2+2^2+\cdots+2^{\alpha}\right)$ 总为奇数，所以 $s\left(2^k n^2\right)$ 也为奇数. 故当 n 为平方数或平方数的 2 倍时，$s(n)$ 为奇数.

1.5.4 欧拉函数

定义 1.5.3 设 m 为正整数，称不大于 m 且与 m 互质的正整数个数为欧拉函数，记作 $\varphi(m)$.

当 m 的值不很大时，按定义可以很容易地算出 $\varphi(m)$ 的值. 如：$\varphi(1)=1$，$\varphi(2)=1$，$\varphi(3)=2$，$\varphi(4)=2$，$\varphi(5)=4$，$\varphi(6)=2$，$\varphi(7)=6$，$\varphi(8)=4$，$\varphi(9)=6$，$\varphi(10)=4$. 但是，如果按定义计算 $\varphi(72)$，$\varphi(960)$，$\varphi(57\,600)$ 等则不太容易，所以有必要探究 $\varphi(m)$ 的计算规律.

定理 1.5.2 欧拉函数 $\varphi(m)$ 具有以下性质：

（1）$\varphi(p)=p-1$，p 为质数；

（2）$\varphi\left(p^k\right)=p^k-p^{k-1}=p^k\left(1-\dfrac{1}{p}\right)$，$p$ 为质数；

（3）若 $(m_1,m_2)=1$，则 $\varphi(m_1m_2)=\varphi(m_1)\varphi(m_2)$.

由定理 1.5.2，立即可得：

性质（1）和（2）可以直接用定义证明，所以留给读者思考；性质（3）将在 2.3 节中证明.

定理 1.5.3　设 m 的标准分解式为 $m=p_1^{\alpha_1}p_2^{\alpha_2}\cdots p_s^{\alpha_s}$，则

$$\varphi(m)=m\left(1-\frac{1}{p_1}\right)\left(1-\frac{1}{p_2}\right)\cdots\left(1-\frac{1}{p_s}\right).$$

例 1.5.8　试计算 $\varphi(72)$，$\varphi(960)$，$\varphi(57\ 600)$.

解　$\varphi(72)=\varphi(2^3\times3^2)=2^3\times3^2\times\left(1-\frac{1}{2}\right)\times\left(1-\frac{1}{3}\right)=24;$

$$\varphi(960)=\varphi(2^6\times3\times5)=2^6\times3\times5\times\left(1-\frac{1}{2}\right)\times\left(1-\frac{1}{3}\right)\times\left(1-\frac{1}{5}\right)=256;$$

$$\varphi(57\ 600)=\varphi(2^8\times3^2\times5^2)=2^8\times3^2\times5^2\times\left(1-\frac{1}{2}\right)\times\left(1-\frac{1}{3}\right)\times\left(1-\frac{1}{5}\right)=15\ 360.$$

例 1.5.9　用 $\varepsilon(m)$ 表示不大于 m 且与 m 互质的所有正整数之和，求证：当 $m\geqslant2$ 时，$\varepsilon(m)=\frac{m}{2}\varphi(m)$.

证明　以 $k_1,k_2,\cdots,k_{\varphi(m)}$ 表示不大于 m 且与 m 互质的所有正整数，则 $m-k_1,m-k_2,\cdots,m-k_{\varphi(m)}$ 也表示不大于 m 且与 m 互质的所有正整数，这是因为

$$(m,m-k_i)=(m,-k_i)=(m,k_i)=1\ [i=1,2,\cdots,\varphi(m)].$$

于是，

$$2\varepsilon(m)=(k_1+k_2+\cdots+k_{\varphi(m)})+\left[(m-k_1)+(m-k_2)+\cdots+(m-k_{\varphi(m)})\right]=m\varphi(m),$$

$$\varepsilon(m)=\frac{m}{2}\varphi(m).$$

习题 1.5

1. 当 x 分别取以下数值时，试计算 $[x]$ 与 $\{x\}$ 的值：

（1）$-\mathrm{e}$；（2）$\frac{2}{3-\sqrt{17}}$；（3）$\lg\frac{3}{10^5}$；（4）$|\sin\alpha|$.

2. 求证：（1）$\left[\frac{n}{2}\right]\left[\frac{n+1}{2}\right]=\left[\frac{n^2}{4}\right]$；（2）$[x-y]\leqslant[x]-[y]$.

3. 解下列方程：（1）$x+\{x\}=2[x]$；（2）$[2x-1]=[x+1]$.

4. 试写出 35! 的标准分解式.

5. 按题目要求计算：（1）2 030! 的末尾有多少个 0；

（2）使 $\frac{201\times202\times\cdots\times2\ 000}{22^k}$ 为整数的最大自然数 k；

（3）化 $\frac{25!}{30^{100}}$ 为既约分数.

6. 试计算：（1）$d(10\ 800)$，$s(10\ 800)$，$\varphi(10\ 800)$；（2）$d(10!)$，$s(10!)$，$\varphi(10!)$.

7. 分别求满足下列条件的正整数 $a(a>1)$ 的值：

（1）$d(a)=8(a\leqslant100)$；（2）$d(a)=10(a\leqslant200)$；（3）$s(a)=12$；（4）$s(a)$ 为奇数.

8. 求下列各数的正因数的倒数之和：

（1）36；（2）2 026；（3）n.

9. 求分母不超过 10 的所有最简真分数的个数及和.

10. 已知正整数 m 仅有质因数 2,3,5，且 $\varphi(m)=3\ 600$，求 m.

11. 设 n 为正整数，p 为质数，求证：$\sum_{k=0}^{n}\varphi\left(p^{k}\right)=p^{n}$.

12. 设 $a,b\in\mathbf{N}_{+}$，$a|b$，求证：$\varphi(a)|\varphi(b)$.

13. 若 m 与 n 的质因数相同，求证：$m\varphi(n)=n\varphi(m)$.

课外补充题 1.5

1. 求使 12 347! 被 35^{k} 整除的最大的 k 值.

2. 证明：方程 $f(x)=[x]+[2x]+[2^{2}x]+[2^{3}x]+[2^{4}x]+[2^{5}x]=12\ 345$ 没有实数解.

3. 设 $x\in\mathrm{R}$，$n\in\mathrm{N}_{+}$，求证：$[x]+\left[x+\frac{1}{n}\right]+\left[x+\frac{2}{n}\right]+\cdots+\left[x+\frac{n-1}{n}\right]=[nx]$.（厄米特恒等式）

4. 求证：对任何正整数 m，$\varphi(m)\neq 14$.

5. 试分别求满足下列条件的所有正整数 n 的值：

（1）$\varphi(n)=24$；（2）$\varphi(n)=64$；（3）$\varphi(n)=\varphi(2n)$；（4）$\varphi(n)=\frac{n}{2}$；（5）$\varphi(n)|n$.

1.6 数的进位制

1.6.1 一个神奇的数表

请读者仔细观察下面这个神奇的数表.

表 1-6-1 神奇的数表

1	3	5	7	9	11	13	15	17	19	21	23	25	27	29	31
2	3	6	7	10	11	14	15	18	19	22	23	26	27	30	31
4	5	6	7	12	13	14	15	20	21	22	23	28	29	30	31
8	9	10	11	12	13	14	15	24	25	26	27	28	29	30	31
16	17	18	19	20	21	22	23	24	25	26	27	28	29	30	31

教师宣布：利用上表，我可以猜出所有人的生日！我不用看这个数表，只要你准确地告诉我，你的生日在哪几行即可！注意！观察一定要仔细！只要你不犯错，我就不会犯错！强调一下，我说的生日为出生日，与年月无关！

可以先后请 20 名左右的同学准确说出自己的生日在哪几行，教师迅速而准确地说出他们的生日！

大家一定想知道其中的奥秘吧？

先告诉大家算法——将相应行的第一个数字相加即可. 如某同学的生日只在第 2，3，5 行，则将这三行的第一个数字 2,4,16 相加,得 22,即此同学的出生日为 22 日.

大家不妨用 1~31 中的任意一个数字尝试,看看有没有例外.

大家注意观察表 1-6-1 第一列数字的特征,并模仿表 1-6-2,自选数字填写.

表 1-6-2　猜生日运算对照表

出生日	第五行 2^4	第四行 2^3	第三行 2^2	第二行 2^1	第一行 2^0
22	√	×	√	√	×
21	√	×	√	×	√
10	×	√	×	√	×
13	×	√	√	×	√
25	√	√	×	×	√
14	×	√	√	√	×
……	……	……	……	……	……

将表 1-6-2 改成表 1-6-3,有什么影响吗?

表 1-6-3　猜生日运算 0-1 对照表

出生日	第五行 2^4	第四行 2^3	第三行 2^2	第二行 2^1	第一行 2^0
22	1	0	1	1	0
21	1	0	1	0	1
12	0	1	1	0	0
11	0	1	0	1	1
23	1	0	1	1	1
15	0	1	1	1	1
……	……	……	……	……	……

计算过程可以分别写成以下算式:

$$1\times2^4+0\times2^3+1\times2^2+1\times2^1+0\times2^0=22,$$

$$1\times2^4+0\times2^3+1\times2^2+0\times2^1+1\times2^0=21,$$

$$0\times2^4+1\times2^3+1\times2^2+0\times2^1+0\times2^0=12,$$

$$0\times2^4+1\times2^3+0\times2^2+1\times2^1+1\times2^0=11,$$

$$1\times2^4+0\times2^3+1\times2^2+1\times2^1+1\times2^0=23,$$

$$0\times2^4+1\times2^3+1\times2^2+1\times2^1+1\times2^0=15,$$

$$(\ )\times2^4+(\ )\times2^3+(\ )\times2^2+(\ )\times2^1+(\ )\times2^0=\square.$$

请大家回答:5 个括号分别对应表 1-6-3 中的什么? 如果将 $2^4,2^3,2^2,2^1,2^0$ 的位置固定,只写系数,你会发现什么?……

22 是不是可以记为 10110? 其他数字呢? 10011 对应哪个数字?

按照这样的规律，是不是也可以用 6 位的或更多位的“0-1 数字串”表示更大的数？比如，111011 表示哪个数字？131 可以怎么表示？……

有的读者可能已经发现这个神奇的数表的秘密了！但是，我们还是先停一停探究的脚步！因为先彻底弄清楚这些“0-1 数字串”，才能更好地理解这个神奇的数表的秘密！

1.6.2 r 进制数

定理 1.6.1 设 $r\in\mathbf{N}_+, r\geqslant 2$，则任一正整数 n 均可唯一地表示成

$$a_n\times r^n+a_{n-1}\times r^{n-1}+\cdots+a_1\times r+a_0\ \left[a_i\in\{0,1,2,\cdots,r-1\}, i=0,1,2,\cdots,n,\ a_n\neq 0\right]$$

的形式.

证明 当 $n<r$ 时，结论显然；当 $n\geqslant r$ 时，由带余除法，有

$$n=rq_1+a_0\left(0\leqslant a_0<r\right).$$

若 $q_1<r$，则结论成立；若 $q_1\geqslant r$，由带余除法，有

$$q_1=rq_2+a_1\left(0\leqslant a_1<r\right).$$

若 $q_2<r$，则结论成立；若 $q_2\geqslant r$，仿上继续做带余除法. 由于 n 为有限整数，所以这一过程只能做有限步（商小于 r 即止），从而可得到一个小于 r 的自然数列：

$$a_0,a_1,a_2,\cdots,a_n\left(a_n=q_{n+1}\neq 0\right),$$

使

$$n=a_n\times r^n+a_{n-1}\times r^{n-1}+\cdots+a_1\times r+a_0.$$

下面证唯一性.

设

$$n=a_m\times r^m+a_{m-1}\times r^{m-1}+\cdots+a_1\times r+a_0$$
$$=b_k\times r^k+b_{k-1}\times r^{k-1}+\cdots+b_1\times r+b_0,$$
$$\left(a_i,b_j\in\{0,1,2,\cdots,r-1\}, i=0,1,2,\cdots,m,\ j=0,1,2,\cdots,k,\ a_m\neq 0, b_k\neq 0,\ m\geqslant k\right),$$

则

$$b_0-a_0=\left(a_m\times r^m+a_{m-1}\times r^{m-1}+\cdots+a_1\times r\right)-\left(b_k\times r^k+b_{k-1}\times r^{k-1}+\cdots+b_1\times r\right).$$

于是，$r\left|\left(b_0-a_0\right)\right.$. 但 $\left|b_0-a_0\right|<r$，所以 $b_0-a_0=0$. 这样，就有

$$a_m\times r^{m-1}+a_{m-1}\times r^{m-2}+\cdots+a_1=b_k\times r^{k-1}+b_{k-1}\times r^{k-2}+\cdots+b_1.$$

仿上可得，$b_1-a_1=0$. 一直重复此过程，可得 $b_i-a_i=0\left(i=1,2,\cdots,k\right)$，且 $m=k$. 否则 $m>k$，由于 $a_m>0$，所以等式两边抵消相同的项后，左边为正数，右边为 0，矛盾. 故正整数 n 的表达式唯一.

定义 1.6.1 记

$$a_n\times r^n+a_{n-1}\times r^{n-1}+\cdots+a_1\times r+a_0=\overline{a_na_{n-1}\cdots a_1a_0}_{(r)}$$
$$\left(a_i\in\{0,1,2,\cdots,r-1\}, i=0,1,2,\cdots,n,\ a_n\neq 0\right).$$

这样的计数方法称为 **r 进位值制计数法**，简称 r 进制计数法. 其中的 r 称为底数或基，$a_i\left(i=0,1,\cdots,n\right)$ 称作 r 进制数码.

当 $r=10$ 时，记

$$a_n\times 10^n+a_{n-1}\times 10^{n-1}+\cdots+a_1\times 10+a_0=\overline{a_na_{n-1}\cdots a_1a_0}_{(10)}$$
$$\left(a_i\in\{0,1,2,\cdots,9\}, i=0,1,2,\cdots,n,\ a_n\neq 0\right).$$

这就是我们所熟知的 10 进(位值)制计数法，$a_i\left(i=0,1,\cdots,n\right)$称作 10 进制数码.

当$r=8$时，记

$$a_n\times 8^n+a_{n-1}\times 8^{n-1}+\cdots+a_1\times 8+a_0=\overline{a_na_{n-1}\cdots a_1a_0}_{(8)}$$

$$\left(a_i\in\{0,1,2,\cdots,7\},i=0,1,2,\cdots,n,\ a_n\neq 0\right).$$

这就是 8 进制计数法，$a_i\left(i=0,1,\cdots,n\right)$称作 8 进制数码.

当$r=2$时，记

$$a_n\times 2^n+a_{n-1}\times 2^{n-1}+\cdots+a_1\times 2+a_0=\overline{a_na_{n-1}\cdots a_1a_0}_{(2)}$$

$$\left(a_i\in\{0,1\},i=0,1,2,\cdots,n,\ a_n\neq 0\right).$$

这就是 2 进制计数法，$a_i\left(i=0,1,\cdots,n\right)$称作 2 进制数码. 至此，大家应该明白，前面所提到的“0-1 数字串”实际上就是 2 进制数字.

类似地，当$r=12$时，记

$$a_n\times 12^n+a_{n-1}\times 12^{n-1}+\cdots+a_1\times 12+a_0=\overline{a_na_{n-1}\cdots a_1a_0}_{(12)}$$

$$\left(a_i\in\{0,1,2,\cdots,9,A,B\},i=0,1,2,\cdots,n,\ a_n\neq 0\right).$$

这就是 12 进制计数法，$a_i\left(i=0,1,\cdots,n\right)$称作 12 进制数码. **注意**：由于每个数码只能占一个数位，所以 12 进制数码不能出现 10 和 11，用 A，B 来表示这两个数码. 类似地，16 进制数码不能出现 10，11，…，15，而代之以 A，B，C，D，E，F.

按照这样的计数方式，显然有

$$\overline{a_na_{n-1}\cdots a_1a_0}_{(r)}=\overline{a_na_{n-1}\cdots a_k}_{(r)}\times r^k+\overline{a_{k-1}\cdots a_1a_0}_{(r)}.$$

当$r=10$时，有

$$\begin{aligned}\overline{a_na_{n-1}\cdots a_1a_0}_{(10)}&=\overline{a_na_{n-1}\cdots a_1}_{(10)}\times 10+a_{0(10)}\\&=\overline{a_na_{n-1}\cdots a_2}_{(10)}\times 10^2+\overline{a_1a_0}_{(10)}\\&=\overline{a_na_{n-1}\cdots a_3}_{(10)}\times 10^3+\overline{a_2a_1a_0}_{(10)}\\&=\cdots\cdots\\&=\overline{a_na_{n-1}\cdots a_k}_{(10)}\times 10^k+\overline{a_{k-1}\cdots a_1a_0}_{(10)}.\end{aligned}$$

其他进制计数的“截断”方式类似.

1.6.3　*r* 进制数与 10 进制数的互化

按照定义，我们立即知道如何将一个 r 进制数转化成 10 进制数. 如：

$$1254_{(8)}=1\times 8^3+2\times 8^2+5\times 8+4=684_{(10)},$$

$$111011_{(2)}=1\times 2^5+1\times 2^4+1\times 2^3+0\times 2^2+1\times 2+1=59_{(10)},$$

$$21AD_{(16)}=2\times 16^3+1\times 16^2+10\times 16+13=8\ 621_{(10)},$$

$$21202_{(3)}=2\times 3^4+1\times 3^3+2\times 3^2+0\times 3+2=209_{(10)}.$$

那么，如何将一个 10 进制数化为 $r(r>1,r\neq 10)$ 进制数呢？比如，如何将 $684_{(10)}$化成一个 8 进制数呢？最原始的想法应该是，$8^3<684<8^4$，所以 $684=(\ )\times 8^3+(\ )\times 8^2+(\ )\times 8+(\ )$，依次确定各个( )的值即可. 但这样做比较费事，我们一般用短除法.

$$
\begin{array}{r|l}
8 & 684 \\ \hline
\end{array}
$$

$$
\begin{array}{rl}
8 \,|\, 85 & \cdots\cdots\ 4 \\
8 \,|\, 10 & \cdots\cdots\ 5 \\
1 & \cdots\cdots\ 2
\end{array}
$$

于是，$684_{(10)}=1254_{(8)}$. 实际上，短除法相当于连续做带余除法，我们不妨还原整个过程：$684=8\times 85+4=8\times(8\times 10+5)+4=8\times[8\times(8\times 1+2)+5]+4=1\times 8^3+2\times 8^2+5\times 8+4$. 这个过程清楚地展示了短除法的原理. 用短除法化 10 进制数为 $r(r>1, r\neq 10)$ 进制数，也常称为除 r 取余法.

例 1.6.1 将表 1-6-1 中所有数都换成 2 进制数.

由于纸张大小所限，我们只将表 1-6-1 中前 4 行前 8 列数字转换成 2 进制数，具体见表 1-6-4. 其余的留给读者练习.

表 1-6-4 神奇的数表的 2 进制形式

1	11	101	111	1001	1011	1101	1111
10	11	110	111	1010	1011	1110	1111
100	101	110	111	1100	1101	1110	1111
1000	1001	1010	1011	1100	1101	1110	1111

观察表 1-6-4，你发现了什么？

相较于表 1-6-1，表 1-6-4 中的规律更明显一些：

第 1 行数字——第 1 位数字（从右至左数）都是 1；

第 2 行数字——第 2 位数字（从右至左数）都是 1；

第 3 行数字——第 3 位数字（从右至左数）都是 1；

第 4 行数字——第 4 位数字（从右至左数）都是 1.

表格扩充至 5 行 16 列，依然具有这一规律. 由此可知，表 1-6-1 实际上相当于将一个规律明显的 2 进制数表翻译成了 10 进制数表，从而将原有规律“隐藏”起来了！

你现在明白“猜生日”游戏的原理了吗？用 2 进制数表可以很好地解释：出生日在哪几行，对应的哪几个数位上的数字就是 1，不在的行，对应数位上的数字就是 0. 所以，在表 1-6-1 中，出生日在哪几行就把哪几行的第 1 个数字相加即可.

有必要说明的是，表 1-6-1 的行数可以继续增加（相应地列数也要成倍增加），但最适合做游戏的是“4 行 8 列表”与“5 行 16 列表”. 以“4 行 8 列表”为例，可以根据对象的特点，选取 15 种水果、蔬菜、美食、小动物、体育明星或影视明星等. 用同样的方式一定能猜出对方心中所想，只是需要预先给这 15 种物品 / 人物编号！有兴趣的读者不妨尝试一下.

思考：其他进制的数有类似的神奇性质吗？为什么计算机只能识别 2 进制数？（二元判断的“真”“假”刚好可与 2 进制数字 1，0 对应）

1.6.4　r 进制数的四则运算

r 进制数的四则运算当然可以先化成 10 进制数字，按 10 进制进行运算，再将计算结果化为 r 进制数字. 但这样做有时太麻烦，所以一般 r 进制数的加减运算都直接按 r 进制数的加减运算法则进行运算. 但乘除法一般还是先化成 10 进制数.

例 1.6.2　计算：

（1）$110101_{(2)}+1110111_{(2)}$；

（2）$111101_{(2)}-10111_{(2)}$；

（3）$5357_{(8)}+4163_{(8)}$；

（4）$3A5B_{(12)}-B19_{(12)}$.

解　（1）

$$\begin{array}{r} 110101 \\ +)\,1110111 \\ \hline 10101100 \end{array}$$

$110101_{(2)}+1110111_{(2)}=10101100_{(2)}$；

（2）

$$\begin{array}{r} 111101 \\ -)\,10111 \\ \hline 100110 \end{array}$$

$111101_{(2)}-10111_{(2)}=100110_{(2)}$；

（3）

$$\begin{array}{r} 5357 \\ +)\,4163 \\ \hline 11542 \end{array}$$

$5357_{(8)}+4163_{(8)}=11542_{(8)}$；

（4）

$$\begin{array}{r} 3A5B \\ -)\,B19 \\ \hline 2B42 \end{array}$$

$3A5B_{(12)}-B19_{(12)}=2B42_{(12)}$.

可见，r 进制数的加减运算法则就是逢 r 进一，借一当 r .

例 1.6.3　试填写下面的 8 进制加法表（表 1-6-5）和乘法表（表 1-6-6），并利用此表进行 8 进制的竖式计算：

（1）$624_{(8)}\times 457_{(8)}$；（2）$465_{(8)}+53_{(8)}$.

表 1-6-5　8 进制加法表

+	1	2	3	4	5	6	7
1	2						10
2		4				10	
3			6		10		
4				10			
5			10		12		
6		10				14	
7	10	11	12	13	14	15	16

表 1-6-6　8 进制乘法表

×	1	2	3	4	5	6	7
1	1						7
2		4				14	
3			11		17		
4	4	10	14	20	24	30	34
5			17		31		
6		14				44	
7	7	16	25	34	43	52	61

加法表相对简单一些,乘法表则复杂一些. 这里只是想让大家体会一下,不需要记忆. 本例只供有兴趣的读者自己练习,这里不提供解答.

8 进制、10 进制、12 进制孰优孰劣?

从纯数学的意义讲,它们并无实质区别. 从任何一方面都不能说明 10 进制比 8 进制或 12 进制优越. 但底数过大(如 60 进制)或过小(如 2 进制),实际使用起来是极不方便的. 计算机则不同,它可以通过集成电路迅速处理二元判断,它只认 2 进制(如输入其他进制的数字,要先转化成 2 进制数字).

r 进制小数的意义类似于 10 进制,如 r 进制小数

$$\overline{a_n a_{n-1} \cdots a_1 a_0 . b_1 b_2 \cdots b_m}_{(r)} \left(或\ \overline{a_n a_{n-1} \cdots a_1 a_0 . a_{-1} a_{-2} \cdots a_{-m}}_{(r)} \right)$$

$$\left(a_i, b_j \in \{0,1,2,\cdots,r-1\}, i=0,1,2,\cdots,n,\ j=1,2,\cdots,m,\ a_n \neq 0\right)$$

就表示

$$a_n \times r^n + a_{n-1} \times r^{n-1} + \cdots + a_1 \times r + a_0 + b_1 \times r^{-1} + b_2 \times r^{-2} + \cdots + b_m \times r^{-m}.$$

r 进制小数与 10 进制小数的互化稍微复杂一些,这里不做介绍.

习题 1.6

1. 将下列用十进制表示的数转换为二进制表示的数:

10,20,17,100,43,31,95,63.

2. 将下列五进制表示的数转换为十进制表示的数:

1 111,2 233,4 021,3 000.

3. 填写下面的表格.

十进制				
二进制	110 110 000			
四进制				
八进制				
十六进制				3E8
三进制		10 122 021		
九进制			105	

课外补充题 1.6

1. 计算：

(1) $111\ 110_{(2)}+11\ 100_{(2)}$；　(2) $1\ 110\ 001_{(2)}-11\ 011_{(2)}$；

(3) $1\ 101_{(2)}\times 101_{(2)}$；　(4) $42\ 327_{(8)}+3\ 156_{(8)}$；

(5) $4\ 736_{(8)}\times 64_{(8)}$；　(6) $\text{B2A4}_{(12)}-\text{B8A}_{(12)}$.

2. 求证：$121_{(k)}=(k+1)^2_{(10)}(k>2)$；$1\ 331_{(k)}=(k+1)^3_{(10)}(k>3)$.

3. 已知：$2\times\overline{m5}_{(10)}=\overline{m5}_{(k)}$求 k 及 m.

4. 已知：$\overline{abc}_{(9)}=\overline{cba}_{(7)}$，求 a,c,b 并写出所得数字的十进制形式.

5. 证明：在 $n!$ 的标准分解式中，2 的指数 $h=n-k$，其中 k 是 n 的二进制表示的各位数码之和.

第 2 章　同余

2.1　同余的概念及性质

本书曾在 1.1.3 节中呈现过 6 张整数表(表 1-1-1 至表 1-1-6),并要求大家回答以下问题.

(1)数字 3 549 是否在各表中?分别在各表的第几行(记各表中数字 0 所在行为第 0 行,第 0 行以下依次为第 1 行,第 2 行,……;第 0 行以上依次为第 -1 行,第 -2 行,……),第几列?各表第 15 行第 2 列的数字分别是多少?是否有某个整数不在某一表中?

(2)各表中同一列相邻两个数字有什么关系?同一行相邻两个数字又有什么关系?

(3)以表 1-1-6 为例,你会用一个简单的代数式表示某一列数字吗?你会用自己的语言描述各列数字吗?

……

现在需要大家回过头来再仔细观察这几个表,并回答以下问题.

(1)每个表中,同一列数之间,有什么关系?不在同一列的两个数又有什么关系?

(2)这样的整数表有多少个?每个数表是否都包含了全体整数?

(3)如果要仿照这些整数表编一个 m 列的数表,那么按照这个 m 列整数表,整数集可以分成多少个两两互不相交的子集?每个子集中的数可以怎样表示?同一列的数除以 m,有什么共同点?

……

定义 2.1.1　如果两个整数 a,b 分别除以正整数 $m\ (m>1)$,所得余数相同,就说 a,b 对模 m 同余,记作 $a\equiv b(\operatorname{mod} m)$,读作 a 同余 b 模 m;如果两个整数 a、b 分别除以正整数 m $(m>1)$,所得余数不同,就说 a,b 对模 m 不同余,记作 $a\not\equiv b(\operatorname{mod} m)$,读作 a 不同余 b 模 m.

显然,有

$$a\equiv b(\operatorname{mod} m)\Leftrightarrow m|(a-b)\Leftrightarrow a-b=km\Leftrightarrow a=km+b\Leftrightarrow b=nm+a\quad (n,k\in\mathbf{Z}).$$

特别地,$a\equiv 0(\operatorname{mod} m)\Leftrightarrow m|a\Leftrightarrow a=km(k\in\mathbf{Z})$.

可见,同余式可以改写为整除式或等式,它们本质上没有区别.

表 1-1-1 至表 1-1-6 中,若用某一整数表的列数作模,则同列的任两个数对这个模同余,不同列的任两个数对这个模不同余. 笼统地说某两个数同余是没有意义的,必须要指明相对哪个模同余,如 $3\equiv 7(\operatorname{mod} 4)$, $3\not\equiv 7(\operatorname{mod} 5)$.

同余关系显然满足:

(1)对任何整数 a 及模 $m(m>1)$,都有 $a\equiv a(\operatorname{mod} m)$;(反身性)

（2）对整数 a,b 及模 $m(m>1)$，只要 $a\equiv b(\bmod m)$，便有 $b\equiv a(\bmod m)$；（对称性）

（3）对整数 a,b,c 及模 $m(m>1)$，若有 $a\equiv b(\bmod m),b\equiv c(\bmod m)$，便有 $a\equiv c(\bmod m)$.（传递性）

将同时满足反身性、对称性、传递性的关系称为等价关系. 如全等、相似、相等、向量的共线、方程的同解，等等，都是等价关系. 而大于、垂直、朋友等关系则不是等价关系. 同余关系是等价关系.

此外，同余关系还具有以下性质.

（1）（可加性）$a\equiv b(\bmod m),\ c\equiv d(\bmod m)\Rightarrow a+c\equiv b+d(\bmod m)$;

特别地，$a+c\equiv b(\bmod m)\Rightarrow a\equiv b-c(\bmod m)$.

（2）（可乘性）

$$a\equiv b(\bmod m),\ c\equiv d(\bmod m)\Rightarrow ac\equiv bd(\bmod m);$$

$$a\equiv b(\bmod m)\Rightarrow\begin{cases}ka\equiv kb(\bmod m),k\in\mathbf{Z},\\ a^n\equiv b^n(\bmod m),n\in\mathbf{Z}.\end{cases}$$

（3）（可约性）

$$ac\equiv bc(\bmod m),(c,m)=1\Rightarrow a\equiv b(\bmod m);$$

$$ac\equiv bc(\bmod cm)\Rightarrow a\equiv b(\bmod m);$$

$$a\equiv b(\bmod cm)\Rightarrow a\equiv b(\bmod m).$$

（4）$a\equiv b(\bmod m_i)\Rightarrow a\equiv b(\bmod [m_1,m_2,\cdots,m_n])$;

特别地，$a\equiv b(\bmod m_i),(m_i,m_j)=1(i\neq j)\Rightarrow a\equiv b(\bmod m_1m_2\cdots m_n)$.

（5）$a\equiv b(\bmod m)\Rightarrow(a,\ m)=(b,\ m)$.

（6）对任意整数 a，必存在不大于 m 的自然数 r，使 $a\equiv r(\bmod m)$.

只证性质（5），其余留给读者.

证　$a\equiv b(\bmod m)\Leftrightarrow a=km+b,(k\in\mathbf{Z})\Rightarrow(a,m)=(km+b,m)=(b,m)$.

请读者尝试用自己的语言叙述同余的以上性质.

例 2.1.1　如果今天是星期四，那么再过 17^{12} 天是星期几？

分析　关键在于，判断经过了多少周又几天.

解　$17^{12}\equiv3^{12}\equiv9^6\equiv2^6\equiv8^2\equiv1^2\equiv1(\bmod 7)$. 4+1=5. 所以，再过 17^{12} 天是星期五.

还可以怎样做？怎样做比较简单？如果将 17^{12} 改成 12^{17} 或 19^{32} 等，还会做吗？

例 2.1.2　求证：对任意自然数 n，3^n 的个位数只能是 1，3，9 或 7.

解　易知，$3^4\equiv1(\bmod 10)$.

由带余除法，$n=4k+r(0\leqslant r<4)$.

所以，$3^n=3^{4k+r}=\left(3^4\right)^k\times3^r\equiv3^r(\bmod 10)$.

而 $3^0\equiv1(\bmod 10),3^1\equiv3(\bmod 10),3^2\equiv9(\bmod 10),3^3\equiv7(\bmod 10)$,

故 3^n 的个位数只能是 1 或 3 或 9 或 7.

仿此,读者可以探究一下 $2^n,4^n,6^n,7^n,8^n,9^n$ 的个位数规律.

例 2.1.3 将 $1,2,3,\cdots,2^n(n\geqslant4)$ 这 2^n 个数任意排列为 $a_1,a_2,\cdots,a_{2^n}$，计算出 $|a_1-a_2|,|a_3-a_4|,\cdots,|a_{2^n-1}-a_{2^n}|$，再将这些数任意排列为 $b_1,b_2,\cdots,b_{2^{n-1}}$，计算出 $|b_1-b_2|,|b_3-b_4|,\cdots,|b_{2^{n-1}-1}-b_{2^{n-1}}|$,如此一直继续下去,最后必然得到一个数,有人尝试多次后,发现最后得到的总是偶数,那么有没有可能结果是奇数?

解 $b_1+b_2+\cdots+b_{2^{n-1}}=|a_1-a_2|+|a_3-a_4|+\cdots+|a_{2^n-1}-a_{2^n}|$

$$\equiv(a_1-a_2)+(a_3-a_4)+\cdots+(a_{2^n-1}-a_{2^n})$$
$$\equiv(a_1+a_2)+(a_3+a_4)+\cdots+(a_{2^n-1}+a_{2^n})$$
$$\equiv1+2+3+\cdots+2^n$$
$$\equiv(2^n+1)2^{n-1}$$
$$\equiv0(\bmod 2).$$

这就表明,经过一次排列与运算,得到的和的奇偶性不会改变,依然为偶数. 所以,最后得到的一个数一定是偶数.

例 2.1.4 设 n 为正整数,且不能被 4 整除,求证: $5\mid(1+2^n+3^n+4^n)$.

证明 $1+2^n+3^n+4^n\equiv1+2^n+(-2)^n+(-1)^n(\bmod 5)$.

因为 n 不能被 4 整除,所以 $n=4k+r(r=1,2,3)$.

当 $r=1$ 或 3 时, $1+2^n+3^n+4^n\equiv1+2^n-2^n-1\equiv0(\bmod 5)$;

当 $r=2$ 时,

$$1+2^n+3^n+4^n\equiv2(1+2^n)\equiv2(1+2^{4k+2})\equiv2(1+4\times16^k)\equiv2(1+4\times1^k)\equiv0(\bmod 5).$$

所以,总有 $5\mid(1+2^n+3^n+4^n)$.

例 2.1.5 设 n 为正整数,试求满足条件 $7\mid(2^n-1)$ 的所有 n .

解 设 $n=3k+r,k\in\mathbf{Z},r=0,1,2$, 则 $2^n=2^{3k+r}=8^k\times2^r\equiv2^r\equiv\begin{cases}1(\bmod 7)(r=0)\\2(\bmod 7)(r=1)\\4(\bmod 7)(r=2)\end{cases}$.

故当且仅当 $n=3k,k\in\mathbf{Z}$, 即 $3\mid n$ 时,有 $7\mid(2^n-1)$.

可以看到,运用同余关系解决整除问题往往十分方便、简捷.

习题 2.1

1. 证明本书中关于"同余可约性"的 3 条性质.

2. 设正整数 $m>1$, 且 $a\equiv b(\bmod m),c\equiv d(\bmod m)$,求证:

(1) $m\mid(a-c,b-d)$; (2) $a-c\equiv b-d(\bmod m)$.

3. 设正整数 $m>1$, 试分别根据以下各式,确定 m 的值:

(1) $53\equiv38(\bmod m)$; (2) $237\equiv200(\bmod m)$;

(3) $125 \equiv 70 \pmod m$;　(4) $256 \equiv 1 \pmod m$.

4. 设 p 为大于 3 的质数,求证: $24 \mid (p^2-1)$.

5. 设 $n \in \mathbf{N}_+$,求证: $330 \mid (6^{2n}-5^{2n}-11)$.

6. 求证:$70! \equiv 61! \pmod{71}$.

7.(1)求 $3^{2\,030}$ 的个位数字;(2)求 5^{100} 的末两位数字.

8. 求证:相邻两数的立方差不能被 5 整除.

课外补充题 2.1

1. 求 $8^{1\,234}$ 被 13 除的余数.

2. 证明:若 n 是正整数,则 $13 \mid (4^{2n+1}+3^{n+2})$.

3. 求 $(257^{33}+46)^{26}$ 被 50 除的余数.

4. 求 $n=7^{7^7}$ 的个位数.

5. 说明 $2^{2^5}+1$ 是否被 641 整除.

6. 设 $f(x)$是整系数多项式,并且 $f(1)$, $f(2)$, $\cdots$, $f(m)$都不能被 m 整除,则 $f(x)=0$ 没有整数解.

2.2　余数判别法

上小学时,我们便知道如何判断一个数能否被 3 或 9 整除,能否被 2 或 5 整除,如何判断一个数被这些数除的余数,等等. 那么大家有没有考虑过,这些判断的依据是否可靠? 这些结论是怎么得到的?

定理 2.2.1

$$\overline{a_n a_{n-1} \cdots a_1 a_0} \equiv a_n + a_{n-1} + \cdots + a_1 + a_0 \pmod 9,$$

$$\overline{a_n a_{n-1} \cdots a_1 a_0} \equiv a_n + a_{n-1} + \cdots + a_1 + a_0 \pmod 3.$$

证　只证模 9 的情形.

$$10 \equiv 1 \pmod 9 \Rightarrow 10^k \equiv 1 \pmod 9$$

$$\Rightarrow \overline{a_n a_{n-1} \cdots a_1 a_0} = a_n \times 10^n + a_{n-1} \times 10^{n-1} + \cdots + a_1 \times 10 + a_0 \equiv a_n + a_{n-1} + \cdots + a_1 + a_0 \pmod 9.$$

推论

$$9 \mid \overline{a_n a_{n-1} \cdots a_1 a_0} \Leftrightarrow 9 \mid (a_n + a_{n-1} + \cdots + a_1 + a_0),$$

$$3 \mid \overline{a_n a_{n-1} \cdots a_1 a_0} \Leftrightarrow 3 \mid (a_n + a_{n-1} + \cdots + a_1 + a_0).$$

定理 2.2.1 表明,一个多位数被 3(或 9)除余几,只需看它的各个数位上的数字之和被 3(或 9)除余几. 整除只是特例.

定理 2.2.2

$$\overline{a_n a_{n-1} \cdots a_1 a_0} \equiv \overline{a_{k-1} a_{k-2} \cdots a_1 a_0} \pmod{2^k},\qquad \overline{a_n a_{n-1} \cdots a_1 a_0} \equiv \overline{a_{k-1} a_{k-2} \cdots a_1 a_0} \pmod{5^k}.$$

证　只证模 2^k 的情形.

$$10^k \equiv 0 \pmod{2^k} \Rightarrow$$

$$\overline{a_n a_{n-1}\cdots a_1 a_0} = \overline{a_n a_{n-1}\cdots a_k} \times 10^k + \overline{a_{k-1}a_{k-2}\cdots a_1 a_0} \equiv \overline{a_{k-1}a_{k-2}\cdots a_1 a_0} \pmod{2^k}.$$

所以，$\overline{a_n a_{n-1}\cdots a_1 a_0} \equiv \overline{a_{k-1}a_{k-2}\cdots a_1 a_0} \pmod{2^k}$.

推论 设 $n = \overline{a_n a_{n-1}\cdots a_1 a_0}$，则

$$2^k \mid n \Leftrightarrow 2^k \mid \overline{a_{k-1}a_{k-2}\cdots a_1 a_0}, \quad 5^k \mid n \Leftrightarrow 5^k \mid \overline{a_{k-1}a_{k-2}\cdots a_1 a_0}.$$

定理 2.2.2 表明，一个多位数被 2^k（或 5^k）除余几，只需看它的末 k 位数字组成的 k 位数被 2^k（或 5^k）除余几. 整除同样只是特例.

定理 2.2.3 $\overline{a_n a_{n-1}\cdots a_1 a_0} \equiv (a_0 + a_2 + a_4 + \cdots) - (a_1 + a_3 + a_5 + \cdots) \pmod{11}$.

证

$$10 \equiv -1 \pmod{11} \Rightarrow \begin{cases} 10^{2k} \equiv 1 \pmod{11} \\ 10^{2k+1} \equiv -1 \pmod{11} \end{cases} \quad (k \in \mathbf{N}).$$

$$\begin{aligned} \Rightarrow \overline{a_n a_{n-1}\cdots a_1 a_0} &= a_n \times 10^n + a_{n-1} \times 10^{n-1} + \cdots + a_1 \times 10 + a_0 \\ &\equiv a_n \times (-1)^n + a_{n-1} \times (-1)^{n-1} + \cdots + a_1 \times (-1) + a_0 \\ &\equiv a_0 - a_1 + a_2 - a_3 + \cdots + (-1)^n a_n \pmod{11}. \end{aligned}$$

即 $\overline{a_n a_{n-1}\cdots a_1 a_0} \equiv (a_0 + a_2 + a_4 + \cdots) - (a_1 + a_3 + a_5 + \cdots) \pmod{11}$.

推论 设 $n = \overline{a_n a_{n-1}\cdots a_1 a_0}$，则

$$11 \mid n \Leftrightarrow 11 \mid (a_0 + a_2 + a_4 \cdots) - (a_1 + a_3 + a_5 \cdots).$$

定理 2.2.3 表明，一个多位数被 11 除余几，只需看它的奇数位上的数字之和与偶数位上的数字之和的差被 11 除余几. 整除同样只是特例.

定理 2.2.4

$$\overline{a_n a_{n-1}\cdots a_1 a_0} \equiv \overline{a_2 a_1 a_0} - \overline{a_n a_{n-1}\cdots a_4 a_3} \equiv \overline{a_2 a_1 a_0} - \overline{a_5 a_4 a_3} + \overline{a_8 a_7 a_6} - \overline{a_{11} a_{10} a_9} + \cdots \pmod 7,$$

$$\overline{a_n a_{n-1}\cdots a_1 a_0} \equiv \overline{a_2 a_1 a_0} - \overline{a_n a_{n-1}\cdots a_4 a_3} \equiv \overline{a_2 a_1 a_0} - \overline{a_5 a_4 a_3} + \overline{a_8 a_7 a_6} - \overline{a_{11} a_{10} a_9} + \cdots \pmod{11},$$

$$\overline{a_n a_{n-1}\cdots a_1 a_0} \equiv \overline{a_2 a_1 a_0} - \overline{a_n a_{n-1}\cdots a_4 a_3} \equiv \overline{a_2 a_1 a_0} - \overline{a_5 a_4 a_3} + \overline{a_8 a_7 a_6} - \overline{a_{11} a_{10} a_9} + \cdots \pmod{13}.$$

证 由于 $7 \times 11 \times 13 = 1\,001$，所以，只需证上面的同余式对模 1 001 成立.

显然，$10^3 \equiv -1 \pmod{1\,001}$. 于是，

$$\overline{a_n a_{n-1}\cdots a_1 a_0} = \overline{a_n a_{n-1}\cdots a_3} \times 10^3 + \overline{a_2 a_1 a_0} \equiv -\overline{a_n a_{n-1}\cdots a_3} + \overline{a_2 a_1 a_0} \pmod{1\,001}.$$

继续这一过程，即得后一结论.

也可以按下面方式证明.

$$\begin{aligned} \overline{a_n a_{n-1}\cdots a_1 a_0} &\equiv \overline{a_2 a_1 a_0} + 10^3 \times \overline{a_5 a_4 a_3} + 10^6 \times \overline{a_8 a_7 a_6} + 10^9 \times \overline{a_{11} a_{10} a_9} + \cdots \\ &\equiv \overline{a_2 a_1 a_0} - \overline{a_5 a_4 a_3} + \overline{a_8 a_7 a_6} - \overline{a_{11} a_{10} a_9} + \cdots \pmod{1\,001}. \end{aligned}$$

推论 设 $n = \overline{a_n a_{n-1}\cdots a_1 a_0}$，则

$$7 \mid \overline{a_n a_{n-1}\cdots a_1 a_0} \Leftrightarrow 7 \mid (\overline{a_2 a_1 a_0} - \overline{a_n a_{n-1}\cdots a_4 a_3}) \Leftrightarrow 7 \mid (\overline{a_2 a_1 a_0} - \overline{a_5 a_4 a_3} + \overline{a_8 a_7 a_6} - \overline{a_{11} a_{10} a_9} + \cdots),$$

$$11 \mid \overline{a_n a_{n-1}\cdots a_1 a_0} \Leftrightarrow 11 \mid (\overline{a_2 a_1 a_0} - \overline{a_n a_{n-1}\cdots a_4 a_3}) \Leftrightarrow 11 \mid (\overline{a_2 a_1 a_0} - \overline{a_5 a_4 a_3} + \overline{a_8 a_7 a_6} - \overline{a_{11} a_{10} a_9} + \cdots),$$

$$13\left|\overline{a_n a_{n-1}\cdots a_1 a_0} \Leftrightarrow 13\right|\left(\overline{a_2 a_1 a_0}-\overline{a_n a_{n-1}\cdots a_4 a_3}\right) \Leftrightarrow 13\left|\left(\overline{a_2 a_1 a_0}-\overline{a_5 a_4 a_3}+\overline{a_8 a_7 a_6}-\overline{a_{11} a_{10} a_9}+\cdots\right)\right..$$

定理 2.2.4 表明,一个多位数被 7(或 11,13)除余几,只需看它的末三位数与前面数字组成的多位数之差被 7(或 11,13)除余几. 整除同样只是特例.

至此,一个数能否被形如

$$2^{\alpha_1}\times 3^{\alpha_2}\times 5^{\alpha_3}\times 7^{\alpha_4}\times 11^{\alpha_5}\times 13^{\alpha_6}\left(\alpha_1,\alpha_3\in\mathbf{N},\ \alpha_2\in\{0,1,2\},\ \alpha_4,\alpha_5,\alpha_6\in\{0,1\}\right)$$

的数整除,都可以简单地判断了. 例如,判断 84 能否整除 103 824,可以先由 4 整除 24,判断出 4 能整除 103 824;再由 3 整除(1+0+3+8+2+4),判断出 3 能整除 103 824;最后由 7 整除(824−103),判断出 7 能整除 103 824;于是,84 能整除 103 824.

当然,完全可以模仿以上定理得出更多的余数判别法,如关于 99, 999, 9 999, 101, 10 001 等数字的整除特征. 事实上可以找到被每一个质数整除的数字规律. 但大部分并没有多少实用价值.

例 2.2.1　试求各个数位上的数字互不相同的一个最小 6 位数,使其能被 55 整除.

解　不妨设这个最小的 6 位数为 $\overline{102ab5}$, 则 $11\left|\left[(5+a+0)-(b+2+1)\right]\right.$, $11\left|(2+a-b)\right.$.

由于 $2+3-9\leqslant 2+a-b\leqslant 2+9-3$, $-4\leqslant 2+a-b\leqslant 8$, $2+a-b=0$.

考虑到 6 个数码各不相同,且 a 应尽可能小,所以应取 $a=4,b=6$. 故这个最小的 6 位数为 102 465.

例 2.2.2　从 1 到 6 的 6 个互不相同的数组成 1 个 6 位数 $\overline{abcdef}$, 使

$$4\left|\overline{abc},5\right|\overline{bcd},3\left|\overline{cde},11\right|\overline{def}.$$

解　显然, $d=5$, 由 $11\left|\overline{def}\right.$ 知, $11\left|(5+f-e)\right.$.

又 $5+1-6\leqslant 5+f-e\leqslant 5+6-1$, 所以 $5+f-e=0$. $f=1,e=6$.

再由 $3\left|\overline{cde}\right.$,知 $3\left|(c+5+6)\right.,c=4$. 从而 $a=3,b=2$.

故所求 6 位数为 324 561.

例 2.2.3　已知 $99\left|\overline{92xy427}\right.$,试求此 7 位数除以 13 的余数.

解　由 $9\left|\overline{92xy427}\right.$,得 $9\left|(9+2+x+y+4+2+7)\right.$,即 $9\left|(x+y+6)\right.$.

由于 $6\leqslant x+y+6\leqslant 24$,所以 $x+y+6=9$ 或 $x+y+6=18$,即 $x+y=3$ 或 $x+y=12$.

再由 $11\left|\overline{92xy427}\right.$,得 $11\left|\left[(9+x+4+7)-(2+y+2)\right]\right.$,即 $11\left|(x-y+5)\right.$.

由于 $-4\leqslant x-y+5\leqslant 14$,所以 $x-y+5=0$ 或 $x-y+5=11$,即 $x-y=-5$ 或 $x-y=6$.

考虑到 $x+y$ 与 $x-y$ 同奇偶,且 $x+y>x-y$,故有 $\begin{cases}x+y=12,\\ x-y=6,\end{cases}$ 或 $\begin{cases}x+y=3,\\ x-y=-5,\end{cases}$ （舍去）

解得 $\begin{cases}x=9,\\ y=3.\end{cases}$

由于 427−293+9=143=11 × 13,所以此七位数除以 13 的余数为 0.

习题 2.2

1. 从 0,1,3,5,7,9 这 6 个数字中任选 3 个,组成一个能同时被 2,3,5 整除的 3 位数,一共可得到多少个满足条件的数?

2. 已知 $99\mid\overline{141x28y3}$,试求此 8 位数除以 7 的余数.

3. 试求各个数位上的数字互不相同的一个最小 6 位数,使其能被 72 整除,并求此数被 11 除的余数.

4. 试从下面的数表中,用一个矩形框住其中的任意 9 个数,使这 9 个数的和等于 2 020, 2 025,2 043,能否办到?若能,求出框出的最大数与最小数;若不能,说明理由.

1	2	3	4	5	6	7
8	9	10	11	12	13	14
15	16	17	18	19	20	21
22	23	24	25	26	27	28
…	…	…	…	…	…	…
995	996	997	998	999	1000	1001

课外补充题 2.2

1. 设 A=123 456 789 101 112……979 899,求 A 除以 16,125,9,11 的余数.

2. 叙述并证明被 101 除的余数判别法.然后用此判别法判断 101 除 4 553 294 的余数.

3. 将 0~9 这 10 个数字按任意顺序填入下面的□内,得到 28 位数:

5 □ 383 □ 8 □ 2 □ 936 □ 5 □ 8 □ 203 □ 9 □ 3 □ 76

这些 28 位数中,有多少个可被 396 整除?

4. 由 1,2,3,4,5,6 这 6 个数字组成的六位数 $\overline{a_5a_4a_3a_2a_1a_0}$ 满足

$2\mid\overline{a_5a_4}$, $3\mid\overline{a_5a_4a_3}$, $4\mid\overline{a_5a_4a_3a_2}$, $5\mid\overline{a_5a_4a_3a_2a_1}$, $6\mid\overline{a_5a_4a_3a_2a_1a_0}$.

求 $\overline{a_5a_4a_3a_2a_1a_0}$.

2.3 剩余类与剩余系

在 2.1 节中对表 1-1-1 至表 1-1-6 的探究中,已经知道**整数集按照模** $m\left(m\in\mathbf{N}_+,m>1\right)$ **可分为** m **类**,对应于各表的 m 列.如表 1-1-6 中,从左到右各列依次为被 7 整除的数,被 7 除余 1 的数,……,被 7 除余 6 的数.

定义 2.3.1 对于给定整数 $m\left(m\in\mathbf{N}_+,m>1\right)$, 将被 m 除余 $r(0\leqslant r<m)$ 的数归为一类,称为模 m 的一个剩余类.如集合 $S_r=\left\{n\in\mathbf{Z}\middle|n=mq+r,q\in\mathbf{Z},0\leqslant r<m\right\}$. 显然,模 m 的剩余类共有 m 个,分别为 S_0, S_1,⋯, S_{m-1}. S_r 有时也简单地记作 $\left[r\right]_m$.

由带余除法可知，**任一整数必属于且只属于模 m 的某一个剩余类；两个整数同属于模 m 的一个剩余类当且仅当它们对模 m 同余**.

所以，$Z=\bigcup_{r=0}^{m-1}[r]_m$，$[p]_m\cap[q]_m=\varnothing\ (p\neq q)$.

有兴趣的读者还可以尝试证明：**对于给定整数 $m(m\in\mathbf{N}_+, m>1)$，任意 $m+1$ 个整数中，至少有两个对模 m 同余；存在 m 个整数对模 m 两两不同余**.

定义 2.3.2　从模 m 的每一个剩余类中取一个元素，组成一个集合，称其为模 m 的一个完全剩余系. 有时简称为模 m 的一个完全系.

如 $\{0,1,2,3,4,5,6\}$，$\{14,-6,2,24,-17,-2,13\}$，$\{-3,-2,-1,0,1,2,3\}$，$\{1,2,3,4,5,6,7\}$，等等，都是模 7 的完全剩余系.

显然，模 7 的完全剩余系有无穷多个. 我们平常使用最多的是以下 3 种：

$\{0,1,2,3,4,5,6\}$；$\{-3,-2,-1,0,1,2,3\}$；$\{1,2,3,4,5,6,7\}$.

分别称其为**模 7** 的非负最小完全剩余系，绝对最小完全剩余系及最小正完全剩余系.

类似地，**模 6** 的非负最小完全剩余系，绝对最小完全剩余系及最小正完全剩余系则分别为：

$\{0,1,2,3,4,5\}$；$\{-3,-2,-1,0,1,2\}$ 或 $\{-2,-1,0,1,2,3\}$；$\{1,2,3,4,5,6\}$.

一般地，

模 m 的非负最小完全剩余系为集合 $\{0,1,2,\cdots,m-1\}$；

模 m 的最小正完全剩余系为集合 $\{1,2,\cdots,m\}$.

模 m 的绝对最小完全剩余系则分两种情形：

当模 m 为奇数时，为 $\left\{-\dfrac{m-1}{2},\cdots-1,0,1,\cdots,\dfrac{m-1}{2}\right\}$；

当模 m 为偶数时，为 $\left\{-\dfrac{m}{2},\cdots-1,0,1,\cdots,\dfrac{m}{2}-1\right\}$ 或 $\left\{-\dfrac{m}{2}+1,\cdots-1,0,1,\cdots,\dfrac{m}{2}\right\}$.

由前面的探讨知，模 m 的一个完全剩余系**必定含有 m 个元素，且对模 m 两两不同余**.

定理 2.3.1　由 m 个整数组成的集合 $\{a_1, a_2,\cdots, a_m\}$ 为模 m 的一个完全剩余系的充要条件是，这 m 个整数对模 m 两两不同余.

定理的证明比较容易，请读者自己独立思考. 由定理 2.3.1 可知，判断一个整数集合是否为模 m 的一个完全剩余系，第一要看是否恰含 m 个元素，第二要看这些元素是否两两都对模 m 不同余.

例 2.3.1　求模 9 的一个完全剩余系：(1)使其中每个数都是奇数；(2)使其中每个数都是偶数.

分析 先随便写模 9 的一个完全剩余系. 则(1)只需给其中的每一个偶数加上或减去 9 的奇数倍即可；(2)只需给其中的每一个奇数加上或减去 9 的奇数倍即可.

解　(1) $\{9,1,11,3,-5,5,33,7,-1\}$；(2) $\{0,10,2,-6,4,32,6,-2,8\}$.

请思考，将上例中的 9 换成 10，能实现题目要求吗？能否由此得到一个一般结论？

请根据你的思考,完成下面的填空:

当模为____数时,其完全剩余系里的每个元素的奇偶性均可随意改变;当模为____数时,其完全剩余系里的每个元素的奇偶性均不可改变.

例 2.3.2 试证明:(1)被 5 除余数是 2 或 3 的数不是平方数;(2)当 $n>3$ 时, $\sum_{k=1}^{n}k!$ 不是平方数.

证明 (1)模 5 的绝对最小完全剩余系为 $\{-2,-1,0,1,2\}$,所以对于任意整数 a, 必有

$$a\equiv 0(\mathrm{mod}\,5), 或 a\equiv \pm 1(\mathrm{mod}\,5), 或 a\equiv \pm 2(\mathrm{mod}\,5).$$

所以,

$$a^2\equiv 0(\mathrm{mod}\,5), 或 a^2\equiv 1(\mathrm{mod}\,5), 或 a^2\equiv 4(\mathrm{mod}\,5).$$

这表明,平方数被 5 除余数只能是 0,1 或 4. 所以,被 5 除余数是 2 或 3 的数不是平方数.

(2) $n>3\Leftrightarrow n\geqslant 4$, 所以 $\sum_{k=1}^{n}k!\equiv\sum_{k=1}^{4}k!\equiv 1+2+6+24\equiv 3(\mathrm{mod}\,5)$.

由(1)知,当 $n>3$ 时, $\sum_{k=1}^{n}k!$ 不是平方数.

例 2.3.3 设 $n\in\mathbf{Z}$,求证: $504\left|\left(n^3-1\right)n^3\left(n^3+1\right)\right.$.

证明 $504=2^3\times 3^2\times 7$, 而 7,8,9 两两互质,所以只需分别证

$$7\left|\left(n^3-1\right)n^3\left(n^3+1\right)\right.,\quad 8\left|\left(n^3-1\right)n^3\left(n^3+1\right)\right.,\quad 9\left|\left(n^3-1\right)n^3\left(n^3+1\right)\right..$$

第一,考虑模 3 的完全剩余系,易知: $n=3k$ 或 $n=3k\pm 1$ $(k\in\mathbf{Z})$. 从而必有

$$9\left|n^3\right., 或 9\left|\left(n^3-1\right)\right., 或 9\left|\left(n^3+1\right)\right..$$

故总有 $9\left|\left(n^3-1\right)n^3\left(n^3+1\right)\right.$.

第二,当 n 为偶数时, $8\left|n^3\right.$; 当 n 为奇数时, n^3-1 和 n^3+1 是两个连续的偶数,必有一个是 4 的倍数. 因此, $8\left|\left(n^3-1\right)\left(n^3+1\right)\right.$. 可见总有, $8\left|\left(n^3-1\right)n^3\left(n^3+1\right)\right.$.

第三,考虑模 7 的完全剩余系,易知

$$n\equiv 0(\mathrm{mod}\,7), 或 n\equiv \pm 1(\mathrm{mod}\,7), 或 n\equiv \pm 2(\mathrm{mod}\,7), 或 n\equiv \pm 3(\mathrm{mod}\,7),$$

从而必有

$$n^3\equiv 0(\mathrm{mod}\,7) 或 n^3\equiv \pm 1(\mathrm{mod}\,7).$$

故总有 $7\left|\left(n^3-1\right)n^3\left(n^3+1\right)\right.$.

综上, $504\left|\left(n^3-1\right)n^3\left(n^3+1\right)\right.$.

完全剩余系具有以下性质:

性质 1 设 $\{a_1,a_2,\cdots,a_m\}$ 是模 m 的一个完全剩余系, $(k,m)=1, b\in\mathbf{Z}$, 则集合 $\{ka_1+b,ka_2+b,\cdots,ka_m+b\}$ 也是模 m 的一个完全剩余系.

证明 只需证明当 $i\neq j$ 时, $ka_i+b\not\equiv ka_j+b(\mathrm{mod}\,m)$.

否则，若 $ka_i+b\equiv ka_j+b\pmod m$，则 $ka_i\equiv ka_j\pmod m$. 由于 $(k,m)=1$，所以，$a_i\equiv a_j\pmod m$. 这与“$\{a_1,a_2,\cdots,a_m\}$ 是模 m 的完全剩余系”矛盾. 这就证明了集合 $\{ka_1+b,ka_2+b,\cdots,ka_m+b\}$ 也是模 m 的一个完全剩余系.

性质 2　设集合 $A=\{a_1,a_2,\cdots,a_{m_1}\}$ 与集合 $B=\{b_1,b_2,\cdots,b_{m_2}\}$ 分别是模 m_1 与模 m_2 的完全剩余系，且 $(m_1,m_2)=1$，则集合 $C=\{m_2a_i+m_1b_j\,|\,i=1,2,\cdots,m_1,j=1,2,\cdots,m_2\}$ 是模 m_1m_2 的一个完全剩余系.

证明　显然，集合 C 有 m_1m_2 个元素，所以只需证明当 $i\neq k$ 或 $j\neq l$ 时，

$$m_2a_i+m_1b_j\not\equiv m_2a_k+m_1b_l\pmod{m_1m_2}.$$

否则，若 $m_2a_i+m_1b_j\equiv m_2a_k+m_1b_l\pmod{m_1m_2}$，则

$$m_2a_i+m_1b_j\equiv m_2a_k+m_1b_l\pmod{m_1},\quad m_2a_i+m_1b_j\equiv m_2a_k+m_1b_l\pmod{m_2}.$$

从而

$$m_2a_i\equiv m_2a_k\pmod{m_1},\quad m_1b_j\equiv m_1b_l\pmod{m_2}.$$

由于 $(m_1,m_2)=1$，所以 $a_i\equiv a_k\pmod{m_1},b_j\equiv b_l\pmod{m_2}$，这与“$\{a_1,a_2,\cdots,a_{m_1}\}$ 与 $\{b_1,b_2,\cdots,b_{m_2}\}$ 分别是模 m_1 与模 m_2 的完全剩余系”矛盾. 这就证明了集合 $C=\{m_2a_i+m_1b_j\,|\,i=1,2,\cdots,m_1,j=1,2,\cdots,m_2\}$ 是模 m_1m_2 的一个完全剩余系.

细心的读者可能已经注意到，模 m 的各个剩余类中，有的剩余类里的每个数都与模 m 互质，而有的剩余类里的每个数都与模 m 不互质. 例如，模 6 的各个剩余类中，$[1]_6$，$[5]_6$ 这两个剩余类中的任意一个数都与 6 互质，而另四个剩余类中的任意一个数都与 6 不互质. 你知道这是为什么吗？

关键在于 $(mq+r,m)=(r,m)$.

定义 2.3.3　如果模 m 的某个剩余类中的数与模 m 互质，则称这个剩余类是与模 m 互质的剩余类.

由模 m 的非负最小完全剩余系易知，与模 m 互质的剩余类个数即为 m 的欧拉函数 $\varphi(m)$.

定义 2.3.4　从与模 m 互质的每个剩余类中取一个数，组成的集合叫模 m 的简化剩余系. 显然，模 m 的简化剩余系中元素的个数即为 m 的欧拉函数 $\varphi(m)$.

例如，模 9 的各个剩余类中，$[1]_9,[2]_9,[4]_9,[5]_9,[7]_9,[8]_9$ 与 9 互质，集合 $\{1,2,4,5,7,8\}$ 即为模 9 的一个简化剩余系，且 $\varphi(9)=9\times\left(1-\dfrac{1}{3}\right)=6$.

类似地，模 10 的一个简化剩余系为 $\{1,3,7,9\}$，模 12 的一个简化剩余系为 $\{1,5,7,11\}$.

对于质数 p，由于 $\varphi(p)=p-1$，所以模 p 的简化剩余系中，元素个数为 $p-1$，集合 $\{1,2,\cdots,p-1\}$ 即为模 p 的一个简化剩余系.

显然，可以从模 m 的完全剩余系中选取部分元素得到模 m 的简化剩余系，也可以在模 m 的简化剩余系中添加部分元素，将其扩充为模 m 的完全剩余系. 特别地，从模 m 的最小正

完全剩余系中取得的简化剩余系称为模 m 的**最小正简化剩余系**，如 $\{1, 3, 7, 9\}$ 为模 10 的最小正简化剩余系，$\{1,5,7,11\}$ 为模 12 的最小正简化剩余系.

定理 2.3.2 由 $\varphi(m)$ 个整数组成的集合 $\left\{a_1, a_2, \cdots, a_{\varphi(m)}\right\}$ 为模 m 的一个简化剩余系的充要条件是 $(a_i, m)=1\left\{i=1,2,\cdots,\varphi(m)\right\}$，且这 $\varphi(m)$ 个整数对模 m 两两不同余.

定理的证明比较容易，请读者自己独立证明. 由定理 2.3.2 可知，判断一个整数集合是否为模 m 的一个简化剩余系，第一要看是否恰含 $\varphi(m)$ 个元素，第二要看这些元素是否都与模 m 互质，第三要看这些元素是否都两两对模 m 不同余.

简化剩余系具有和完全剩余系类似的性质.

性质 1 设 $\left\{a_1,a_2,\cdots,a_{\varphi(m)}\right\}$ 是模 m 的一个简化剩余系，$(k,m)=1$，则集合 $\left\{ka_1,ka_2,\cdots,ka_{\varphi(m)}\right\}$ 也是模 m 的一个简化剩余系.

证明 由于 $(k,m)=1,(a_i,m)=1$，所以 $(ka_i,m)=1$.

又当 $i \neq j$ 时，如果 $ka_i \equiv ka_j \pmod m$，由于 $(k,m)=1$，则 $a_i \equiv a_j \pmod m$. 这与"$\left\{a_1,a_2,\cdots,a_{\varphi(m)}\right\}$ 是模 m 的简化剩余系"矛盾. 这就证明了集合 $\left\{ka_1,ka_2,\cdots,ka_{\varphi(m)}\right\}$ 也是模 m 的一个简化剩余系.

性质 2 设集合 $A=\left\{a_1,a_2,\cdots,a_{\varphi(m_1)}\right\}$ 与集合 $B=\left\{b_1,b_2,\cdots,b_{\varphi(m_2)}\right\}$ 分别是模 m_1 与模 m_2 的简化剩余系，且 $(m_1,m_2)=1$，则集合 $C=\left\{m_2a_i+m_1b_j, i=1,2,\cdots,\varphi(m_1), j=1,2,\cdots,\varphi(m_2)\right\}$ 是模 m_1m_2 的一个简化剩余系.

证明 先将集合 A, B 分别扩充成模 m_1 与模 m_2 的完全剩余系 A', B'，

$$A'=\left\{a_1,a_2,\cdots,a_{\varphi(m_1)},\cdots, a_{m_1}\right\}, B'=\left\{b_1,b_2,\cdots,b_{\varphi(m_2)},\cdots, b_{m_2}\right\}.$$

则集合 $C'=\left\{m_2a_i+m_1b_j, i=1,2,\cdots,m_1, j=1,2,\cdots,m_2\right\}$ 是模 m_1m_2 的一个完全剩余系. 显然，$C \subset C'$. 所以，C 中任两个元素对模 m 不同余.

下证 C 中任一元素与模 m_1m_2 互质.

由于集合 $A=\left\{a_1,a_2,\cdots,a_{\varphi(m_1)}\right\}$ 是模 m_1 的简化剩余系，所以 $(a_i,m_1)=1\ \left[i=1,2,\cdots,\varphi(m_1)\right]$. 又 $(m_1,m_2)=1$，所以 $(m_2a_i,m_1)=1\ \left[i=1,2,\cdots,\varphi(m_1)\right]$，从而 $(m_2a_i+m_1b_j,m_1)=(m_2a_i,m_1)=1\ \left[i=1,2,\cdots,\varphi(m_1), j=1,2,\cdots,\varphi(m_2)\right]$；同理 $(m_2a_i+m_1b_i, m_2)=1[i=1, 2,\cdots, \varphi(m_1), j=1, 2,\cdots, \varphi(m_2)]$. 故有 $(m_2a_i+m_1b_j,m_1m_2)=1\ \left[i=1,2,\cdots,\varphi(m_1), j=1,2,\cdots,\varphi(m_2)\right]$.

最后证明集合 C' 中所有与模 m_1m_2 互质的数都属于 C.

设 $m_2a_i+m_1b_j \in C'$，由于 $(m_1,m_2)=1$，所以有

$1=(m_2a_i+m_1b_j,m_1m_2)=(m_2a_i+m_1b_j,m_1)=(m_2a_i,m_1)=(a_i,m_1)$,

$1=(m_2a_i+m_1b_j,m_1m_2)=(m_2a_i+m_1b_j,m_2)=(m_1a_j,m_2)=(b_j,m_2)$,

所以，$a_i \in \{a_1,a_2,\cdots,a_\varphi(m_1)\}$，$b_j \in \{b_1,b_2,\cdots,b_\varphi(m_2)\}$.

这就证明了集合 $C=\left\{m_2a_i+m_1b_j \mid i=1,2,\cdots,m_1, j=1,2,\cdots,m_2\right\}$ 是模 m_1m_2 的一个简化剩

余系.

显然,集合 C 有 $\varphi(m_1)\varphi(m_2)$ 个元素,而模 m_1m_2 的简化剩余系必然有 $\varphi(m_1m_2)$ 个元素,所以必有 $\varphi(m_1m_2)=\varphi(m_1)\varphi(m_2)$. 这就证明了定理 1.5.2 的性质(3).

注意:与完全剩余系不同的是,给模 m 的一个简化剩余系里的每一个元素加上同一个整数后,所得集合**未必**是模 m 的简化剩余系. 如 $\{1,5\}$ 是模 6 的一个简化剩余系,每个数都加 2 后得到的集合 $\{3,7\}$ 就不是模 6 的简化剩余系.

例 2.3.4 设 $\{a_1,a_2,\cdots,a_{\varphi(m)}\}$ 是模 m 的一个简化剩余系, $(k,m)=1$, 求证: $\sum_{i=1}^{\varphi(m)}\left\{\frac{ka_i}{m}\right\}=\frac{1}{2}\varphi(m)$. 其中, $\{x\}=x-[x]$,表示 x 的小数部分.

解 由已知, $(ka_i,m)=1$;由带余除法, $ka_i=q_im+r_i, 1\leqslant r_i\leqslant m-1$. 于是 $\left\{\frac{ka_i}{m}\right\}=\left\{\frac{r_i}{m}\right\}$. 从而 $\sum_{i=1}^{\varphi(m)}\left\{\frac{ka_i}{m}\right\}=\sum_{i=1}^{\varphi(m)}\left\{\frac{r_i}{m}\right\}=\sum_{i=1}^{\varphi(m)}\frac{r_i}{m}$. 这里, $r_1,r_2,\cdots,r_{\varphi(m)}$ 组成的集合正是模 m 的最小正简化剩余系.

由于 $(m-r_i,m)=(r_i,m)=1$, 所以 $m-r_1,m-r_2,\cdots,m-r_{\varphi(m)}$ 组成的集合也是模 m 的最小正简化剩余系. 所以,

$$2\sum_{i=1}^{\varphi(m)}\left\{\frac{ka_i}{m}\right\}=2\sum_{i=1}^{\varphi(m)}\frac{r_i}{m}=\sum_{i=1}^{\varphi(m)}\frac{r_i}{m}+\sum_{i=1}^{\varphi(m)}\frac{m-r_i}{m}=\sum_{i=1}^{\varphi(m)}1=\varphi(m).$$

故 $$\sum_{i=1}^{\varphi(m)}\left\{\frac{ka_i}{m}\right\}=\frac{1}{2}\varphi(m).$$

本题结论相当于说,**分母为 m 的最简真分数之和等于** $\frac{1}{2}\varphi(m)$.

习题 2.3

1. 快速判断.

(1)以下集合是否为模 7 的完全剩余系:

$\{7,8,9,10,11,12,13,14\}$, $\{16,-3,27,-14,15,17,-16\}$, $\{-12,-3,30,8,16,24,25\}$, $\{6,16,38,-10,26,34\}$, $\{3,4,6,17,27,35,-6\}$, $\{-21,15,23,-11,25,33,-15,63\}$;

(2)以下集合是否为模 15 的简化剩余系:

$\{7,23,31,-28,11,19,-47,74\}$, $\{16,14,29,-14,13,17,-16,22\}$, $\{-12,-3,1,8,16,24,25\}$, $\{2,-6,16,8,-10,6,34,7\}$, $\{13,3,4,6,17,-3,5,-6\}$, $\{2,29,4,8,7,11,28,1,19\}$.

2.(1)试写出模 8 的两个完全(简化)剩余系,其中各有多少个奇数与偶数;

(2)试写出模 9 的两个完全(简化)剩余系,使其中一个全为奇数,另一个全为偶数;

(3)试由(1)(2),推出一个一般性的结论并证明.

3.(1)设 $\{a_1,a_2,\cdots,a_m\}$, $\{b_1,b_2,\cdots,b_m\}$ 是模 m 的两个完全剩余系,求证:

$$\sum_{i=1}^{m} a_i \equiv \sum_{i=1}^{m} b_i \equiv \begin{cases} 0 \pmod m \ (m=2k+1, k\in\mathbf{N}), \\ \dfrac{m}{2} \pmod m \ (m=2k, k\in\mathbf{N}), \end{cases}$$

$$\prod_{i=1}^{m} a_i \equiv \prod_{i=1}^{m} b_i \equiv 0 \pmod m;$$

（2）设 $\{a_1,a_2,\cdots,a_{\varphi(m)}\}$，$\{b_1,b_2,\cdots,b_{\varphi(m)}\}$ 是模 m 的两个简化剩余系，求证：

$$\sum_{i=1}^{\varphi(m)} a_i \equiv \sum_{i=1}^{\varphi(m)} b_i,\ \prod_{i=1}^{\varphi(m)} a_i \equiv \prod_{i=1}^{\varphi(m)} b_i.$$

4.（1）试写出模 7 的一个完全剩余系，使它的元素均属于模 3 的某一个剩余类；

（2）设 $(a,m)=1$，求证：存在模 m 的一个完全剩余系，其所有元素均属于模 a 的某个剩余类.

5.（1）设 $[3]_4$ 表示以 3 为代表的模 4 的剩余类，试将其表示为模 20 的若干个剩余类的并集；

（2）设 $r,k,m\in\mathbf{N}$ $(k,m>1, 0\leqslant r<m)$，$[r]_m$ 表示以 r 为代表的模 m 的剩余类，试将其表示为模 km 的若干个剩余类的并集.

6. 分别写出模 3 与模 5 的一个完全（简化）剩余系，并利用它们得出模 15 的一个完全（简化）剩余系.

7. 设 m 为大于 2 的整数，求证：$\{0^2,1^2,2^2,\cdots,(m-1)^2\}$ 不是模 m 的完全剩余系.

课外补充题 2.3

1. 设 m 是正偶数，$\{a_1,a_2,\cdots,a_m\}$ 与 $\{b_1,b_2,\cdots,b_m\}$ 都是模 m 的完全剩余系，证明：$\{a_1+b_1, a_2+b_2,\cdots, a_m+b_m\}$ 不是模 m 的完全剩余系.

2. 证明：若 $m, n\in\mathbf{N}$，则 $\varphi(mn)=(m,n)\varphi([m,n])$；

3. 求证：p 为质数的充要条件是 $(p-1)!\equiv -1 \pmod p$.（威尔逊定理）

4. 证明：若 $2p+1$ 是奇素数，则 $(p!)^2+(-1)^p\equiv 0 \pmod{2p+1}$.

5. 证明：若 p 是奇素数，$N=1+2+\cdots+(p-1)$，则 $(p-1)!\equiv p-1 \pmod N$.

6. 设 n 是正整数，证明：

（1）$\varphi(n)>\dfrac{1}{2}\sqrt{n}$；

（2）若 n 是合数，则 $\varphi(n)\leqslant n-\sqrt{n}$.

2.4 欧拉定理

欧拉定理是数论中的一个重要定理，有着极其广泛的应用.

定理 2.4.1（欧拉定理） 设 $(a,m)=1$，则 $a^{\varphi(m)}\equiv 1 \pmod m$.

证明 设集合 $\{x_1,x_2,\cdots,x_{\varphi(m)}\}$ 为模 m 的一个简化剩余系，由于 $(a,m)=1$，所以集合

$\{ax_1, ax_2, \cdots, ax_{\varphi(m)}\}$ 也为模 m 的一个简化剩余系. 故有

$$(ax_1)(ax_2)\cdots(ax_{\varphi(m)}) \equiv x_1x_2\cdots x_{\varphi(m)} \pmod m,$$

又 $(x_i, m)=1$, 所以 $(x_1x_2\cdots x_{\varphi(m)}, m)=1$, 从而有 $a^{\varphi(m)} \equiv 1 \pmod m$.

定理 2.4.2(费马小定理)　设 p 为质数, 则 $a^p \equiv a \pmod p$.

证明　若 $(a,p)=1$, 则由欧拉定理知, $a^{\varphi(p)} \equiv 1 \pmod p$. 即

$$a^{p-1} \equiv 1 \pmod p,\quad a^p \equiv a \pmod p.$$

若 $(a,p) \neq 1$, 则 $p|a, p|a^p, a^p \equiv a \pmod p$.

从而, 总有 $a^p \equiv a \pmod p$.

费马小定理是由费马于 1640 年提出, 直到 1736 年才由欧拉证明. 欧拉定理则是由欧拉提出并于 1760 年证明.

例 2.4.1　求 19 除 $43^{2\,020}$ 的余数.

解　(43, 19)=1, 由欧拉定理, 有 $43^{\varphi(19)} = 43^{18} \equiv 1 \pmod{19}$. 又 2 020=18 × 112+4, 所以,

$$43^{2\,020} = (43^{18})^{112} \times 43^4 \equiv 43^4 \equiv 5^4 \equiv 25^2 \equiv 6^2 \equiv 17 \pmod{19}.$$

故 19 除 $43^{2\,020}$ 的余数为 17.

例 2.4.2　求证: $2^{341} \equiv 2 \pmod{341}$.

证明　341=11 × 31, 由欧拉定理, 有 $2^{10} \equiv 1 \pmod{11}$, $2^{30} \equiv 1 \pmod{31}$.

所以,

$$2^{341} = (2^{10})^{34} \times 2 \equiv 2 \pmod{11};$$

$$2^{341} = (2^{30})^{11} \times 2^{11} = (2^5)^2 \times 2 \equiv 2 \pmod{31}.$$

故　$2^{341} \equiv 2 \pmod{341}$.

例 2.4.3　如果今天是星期五, 再过 $10^{10^{10}}$ 天是星期几?

解　由欧拉定理, 有 $10^{\varphi(7)} = 10^6 \equiv 1 \pmod 7$. 而

$$10^{10} \equiv 4^{10} \equiv 16^5 \equiv 4^5 \equiv 4^2 \times 4^3 \equiv 4 \times 4 \equiv 4 \pmod 6,$$

[也可以由 $4^2 \equiv 4 \pmod 6$, 得 $4^n \equiv 4 \pmod 6$]

所以, $10^{10^{10}} = 10^{6k+4} \equiv 10^4 \equiv 3^4 \equiv 2^2 \equiv 4 \pmod 7$.

$$5+4=9 \equiv 2 \pmod 7,$$

故再过 $10^{10^{10}}$ 天是星期五.

例 2.4.4　求 243^{402} 的末三位数.

解　$(243, 1\,000)=1$, $\varphi(1\,000) = 1\,000 \times \left(1-\frac{1}{2}\right)\left(1-\frac{1}{5}\right) = 400$,

由欧拉定理, 有 $243^{\varphi(1\,000)} = 243^{400} \equiv 1 \pmod{1\,000}$.

所以,

$$243^{402} \equiv 243^{400} \times 243^2 \equiv 243^2 \equiv 59\,049 \equiv 49 \pmod{1\,000}.$$

所以，243^{402}的末三位数为049.

例 2.4.5 设$(a,m)=1$,若h为满足$a^x\equiv 1(\bmod m)$的所有正整数x中最小的，则$h|x$.

证明 由带余除法，$x=hq+r(0\leqslant r\leqslant h-1)$,所以$1\equiv a^x=a^{hq+r}=\left(a^h\right)^q a^r\equiv a^r(\bmod m)$.

由h的最小性知，$r=0$.所以$h|x$.

本例表明，$h|\varphi(m)$.

例 2.4.6 求最小正整数x，使$5^x\equiv 1(\bmod 21)$.

解 $(5,21)=1,\ \varphi(21)=21\times\left(1-\dfrac{1}{3}\right)\left(1-\dfrac{1}{7}\right)=12.$

所以，由欧拉定理，有$5^{12}\equiv 1(\bmod 21)$.

所以，$x|12, x=1,2,3,4,6,12$.

经计算，$x=6$为满足条件的最小正整数.

习题 2.4

1. 如果今天是星期一，再过10^{365}天是星期几？
2. 求$13^{2\,025}$除以60的余数.
3. 若正整数$(a,2\ 730)=(b,2\ 730)=1$, 求证：$2\ 730\left|\left(a^{12}-b^{12}\right)\right.$.
4. 设$a,b\in\mathbf{Z}$,求证：$42\left|ab\left(a^6-b^6\right)\right.$.
5. 设$a,b\in\mathbf{Z},(a,260)=(b,260)=1$,求证：$260\left|\left(a^{12}-b^{12}\right)\right.$.
6. 设p为大于5的质数，求证：$240|(p^4-1)$.
7. 设p为质数，求证：$(a+b)^p\equiv a^p+b^p(\bmod p)$.
8.（1）设$a\in\mathbf{Z}, p, q$为互异质数，若$a^p\equiv a(\bmod q), a^q\equiv a(\bmod p)$,求证：$a^{pq}\equiv a(\bmod pq)$.

（2）设p,q均为奇质数，且$(p,q-1)=(q,p-1)=1$,求证：$(p-1)^{q-1}\equiv(q-1)^{p-1}(\bmod pq)$.

9. 设$(m,n)=1$,求证：$m^{\varphi(n)}+n^{\varphi(m)}\equiv 1(\bmod mn)$.

课外补充题 2.4

1. 试求$\left(12\,371^{170}+34\right)^{28}$被243除的余数.
2. 设p为奇质数，求证：$2^{p-1}\left(2^p-1\right)\equiv 1(\bmod 9)$
3. $6^{83}+8^{83}$除以49的余数是多少？
4. $3^{2\,025}$的末两位数字是多少？
5. 设$\{r_1,r_2,\cdots,r_{\varphi(m)}\}$为模$m$的一个简化剩余系，$A=r_1r_2\cdots r_{\varphi(m)}$,求证：$A^2\equiv 1(\bmod m)$.
6.（1）观察并计算，知：

$6!\times 0!\equiv -1(\bmod 7)$, $5!\times 1!\equiv 1(\bmod 7)$, $4!\times 2!\equiv -1(\bmod 7)$, $3!\times 3!\equiv 1(\bmod 7)$. 对模11，又有怎样的类似结果？

（2）根据（1）的结果，提出一个猜想并证明.

2.5 有理数小数形式与分数形式的互化

如前所述，所有的有理数都可以表示成 $\frac{a}{b}$ $\left[a\in\mathbf{Z},b\in\mathbf{N}_+,(a,b)=1\right]$ 的形式. 由带余除法，存在整数 $q,r(0<r<b)$，使 $a=bq+r$，所以 $\frac{a}{b}=q+\frac{r}{b}$. 可见，只需要研究既约真分数（或称最简真分数）$\frac{r}{b}$. 本节只研究小于 1 的正有理数的小数形式与分数形式的互化.

2.5.1 有限纯小数与既约真分数

定义 2.5.1 纯小数 $0.q_1q_2\cdots q_n\left(q_i\in\{0,1,\cdots,9\},\ q_n\neq 0\right)$ 称为有限纯小数.

定理 2.5.1 既约真分数 $\frac{r}{b}$ $\left[r,b\in\mathbf{N}_+,r<b,(r,b)=1\right]$ 可化为有限纯小数的充要条件是 $b=2^{\alpha}\times 5^{\beta}(\alpha,\beta\in\mathbf{N})$，$\alpha$ 和 β 不全为零，且小数的位数为 $\max\{\alpha,\beta\}$.

证明 先证充分性. 设 $b=2^{\alpha}\times 5^{\beta}(\alpha,\beta\in\mathbf{N},\ \alpha\leqslant\beta)$，则

$$\frac{r}{b}=\frac{r}{2^{\alpha}\times 5^{\beta}}=\frac{r\times 2^{\beta-\alpha}}{2^{\beta}\times 5^{\beta}}=\frac{r\times 2^{\beta-\alpha}}{10^{\beta}}$$

显然为有限小数，小数位数为 β. 当 $\alpha>\beta$ 时，$\frac{r}{b}=\frac{r\times 2^{\alpha-\beta}}{10^{\alpha}}$ 同样是有限小数，小数位数为 α.

再证必要性. 设既约真分数 $\frac{r}{b}=\frac{c}{10^k},k\in\mathbf{Z}$，若 b 含有不同于 2，5 的质因数 p，不妨设 $b=pb_1(b_1\in\mathbf{N}_+)$，则 $\frac{r}{b}=\frac{r}{pb_1}=\frac{c}{10^k}(k\in\mathbf{Z})$，$r\times 10^k=cpb_1$，$p\mid r\times 10^k$.

又 $(p,2)=1,(p,5)=1$，所以 $(p,10^k)=1$，$p\mid r$. 从而 $p\mid(r,\ b)$，$p\mid 1$，矛盾.

所以，b 不含有 2，5 以外的质因数.

例 2.5.1 设 $\frac{1}{n}=\frac{d_1}{b}+\frac{d_2}{b^2}+\cdots+\frac{d_k}{b^k}(n,b\in\mathbf{N}_+,d_i\in\mathbf{N})$，求证：$n$ 的每一个质因数都是 b 的因数.

证明 由 $\frac{1}{n}=\frac{d_1}{b}+\frac{d_2}{b^2}+\cdots+\frac{d_k}{b^k}$，得 $\frac{b^k}{n}=b^{k-1}d_1+b^{k-2}d_2+\cdots+bd_{k-1}+d_k\in\mathbf{N}$. 所以 $n\mid b^k$. 故 n 的每一个质因数都是 b 的因数.

2.5.2 无限循环小数与分数

定义 2.5.2 对无限小数 $0.q_1q_2\cdots q_n\cdots\left(q_i\in\{0,1,\cdots,9\}\right)$，其中任何一位 q_i 之后不全为 0，也不全为 9，如果存在自然数 r 和正整数 h，使得对任意正整数 m，只要当

$$r+1\leqslant i\leqslant r+h$$

时，总有 $q_{i+mh}=q_i$，则称此小数为无限循环小数，记为 $0.q_1q_2\cdots q_r\dot{q}_{r+1}\cdots\dot{q}_{r+h}$，

这个定义方式比较抽象，不容易看懂. 举个例子，对无限循环小数 $0.26\dot{1}38\dot{7}$，上述定义中说的就是：

$$r=2, h=4, q_{3+4m}=q_3=1, q_{4+4m}=q_4=3, q_{5+4m}=q_5=8, q_{6+4m}=q_6=7.$$

也可以取 $r=3, h=4$ 或 $r=4, h=8$ 等，即 $0.261\dot{3}87\dot{1}$，$0.2613\dot{8}713871\dot{3}$，……，但一般要求，不循环部分最少，且循环节最短.

上述定义中，当 h 取满足定义的最小正整数（上例中 $h=4$）时，称 $q_{r+1}q_{r+2}\cdots q_{r+h}$ 为该循环小数的循环节，称 h 为循环节的长度. 如果最小的 $r=0$，则称此循环小数为纯循环小数；如果最小的 $r\neq 0$，则称此循环小数为混循环小数.

注意：如果循环小数的某位小数之后全是 9，就可以将这个小数化为某位后全是 0 的小数，此时这个小数实际上就是有限小数！如 $0.253\dot{9}=0.254\dot{0}=0.254, 0.847\dot{9}=0.848\dot{0}=0.848$.（当然，有时也会将所有实数都看成无限小数）

定理 2.5.2 既约真分数 $\frac{r}{b}$ 可化为纯循环小数的充要条件是 $(b,10)=1$. 此时，这个纯循环小数的循环节的长度 h 是满足 $10^x\equiv 1 \pmod b$ 的最小正整数 x.

证明 先证充分性. 若 $(b,10)=1$，则由欧拉定理，有 $10^{\varphi(b)}\equiv 1 \pmod b$. 故存在最小正整数 h，使 $10^h\equiv 1 \pmod b$.

从而，

$$10^h=kb+1,\ \frac{10^h}{b}=k+\frac{1}{b}(k\in\mathbf{N}_+); 10^h\frac{r}{b}=kr+\frac{r}{b},\ (10^h-1)\frac{r}{b}=kr,\ 0<kr<10^h-1.$$

令 $kr=\overline{a_1a_2\cdots a_h}$ $(a_i\in\{0,1,2,\cdots,9\}, i=1,2,\cdots,h)$，$a_i$ 不全为 0，亦不全为 9. 则

$$\frac{r}{b}=\frac{kr}{10^h-1}=\frac{\overline{a_1a_2\cdots a_h}}{10^h-1}=\frac{0.a_1a_2\cdots a_h}{1-\frac{1}{10^h}}=0.a_1a_2\cdots a_h\times\left(1+\frac{1}{10^h}+\frac{1}{10^{2h}}+\cdots\right)=0.\dot{a}_1a_2\cdots\dot{a}_h.$$

下证必要性. 设 $\frac{r}{b}=0.\dot{a}_1a_2\cdots\dot{a}_h$，则

$$\frac{r}{b}=0.a_1a_2\cdots a_h\times\left(1+\frac{1}{10^h}+\frac{1}{10^{2h}}+\cdots\right)=\frac{0.a_1a_2\cdots a_h}{1-\frac{1}{10^h}}=\frac{\overline{a_1a_2\cdots a_h}}{10^h-1}.$$

$$(10^h-1)\frac{r}{b}=\overline{a_1a_2\cdots a_h}\in\mathbf{N}_+.$$

由于 $(r,b)=1$，所以，$b\mid 10^h-1$，从而 $(b,10)=1$.

例 2.5.2 判断下列分数化成小数后的循环节长度，并分别将下列分数化成循环小数：

（1）$\frac{5}{11}$；（2）$\frac{12}{37}$；（3）$\frac{15}{7}$.

解 由于 (11, 10)=(37, 10)=(7, 10)=1，所以它们均可化为纯循环小数.

又 $11\mid 99(=10^2-1)$，$37\mid 999(=10^3-1)$，$7\mid 999\,999(=10^6-1)$.

所以 $\frac{5}{11}$，$\frac{12}{37}$，$\frac{15}{7}$ 化成小数后循环节的长度分别为 2，3，6.（也可以用例 2.4.6 的方法确

定循环节的长度,实际上,h 的值就是使 $b|99\cdots9$ 成立的 9 的最少个数,想一想,为什么?)

然后利用竖式除法计算,分别算到小数点后第 2 位、第 3 位、第 6 位,即可以写出结果:

$\frac{5}{11}=0.\dot{4}\dot{5}$, $\frac{12}{37}=0.\dot{3}2\dot{4}$, $\frac{15}{7}=2.\dot{1}42\,85\dot{7}$.

有兴趣的读者可以分别计算一下 $\frac{1}{7},\frac{2}{7},\cdots,\frac{6}{7}$;$\frac{1}{11},\frac{2}{11},\cdots,\frac{10}{11}$;$\frac{1}{13},\frac{2}{13},\cdots,\frac{12}{13}$;… 一定会有很多奇妙的发现!在定理的证明过程中,曾得到 $\frac{r}{b}=\frac{\overline{a_1a_2\cdots a_h}}{10^h-1}$. 这实际上相当于一个化纯循环小数为混循环小数的简便方法. 例如

$$0.\dot{4}\dot{5}=\frac{45}{99}=\frac{5}{11},\ 0.\dot{3}2\dot{4}=\frac{324}{999}=\frac{12}{37},\ 2.\dot{1}42\,85\dot{7}=2+\frac{142\,857}{999\,999}=2+\frac{1}{7}=\frac{15}{7}.$$

掌握窍门了吗?掌握不了或记不住也没关系!还可以用下面介绍的更原始的办法.

设 $0.\dot{3}2\dot{4}=x$, $10^3x=324.\dot{3}2\dot{4}=324+x$, $x=\frac{324}{10^3-1}=\frac{324}{999}=\frac{12}{37}$.

定理 2.5.3　既约真分数 $\frac{r}{b}$ 可化为混循环小数的充要条件是

$$b=2^\alpha\times5^\beta\times b_1,(b_1,10)=1,b_1>1,\alpha,\beta\in\mathbf{N},\alpha,\beta \text{ 不全为 } 0.$$

此时,这个混循环小数的不循环部分的长度 $s=\max\{\alpha,\beta\}$,循环节的长度 h 为满足 $10^x\equiv1(\bmod b_1)$ 的最小正整数 x.

证明　必要性显然(可用反证法). 下证充分性.

若 $b=2^\alpha\times5^\beta\times b_1,(b_1,10)=1$($\alpha,\beta\in\mathbf{N},\alpha,\beta$ 不全为 0),则

$$\frac{r}{b}=\frac{r}{2^\alpha\times5^\beta\times b_1}=\frac{q}{10^s\times b_1}=\frac{1}{10^s}\times\frac{q}{b_1}=\frac{1}{10^s}\times\left(t+\frac{r_1}{b_1}\right)\quad(q,t\in\mathbf{N},0<r_1<b_1).$$

由于 $0<\frac{r}{b}<1$,所以 $0<t<10^s$,可令 $t=\overline{q_1q_2\cdots q_s}$,由定理 2.5.2 知,$\frac{r_1}{b_1}=0.\dot{p}_1p_2\cdots\dot{p}_h$. 其中,$h$ 为满足 $10^x\equiv1(\bmod b_1)$ 的最小正整数.

于是,$\frac{r}{b}=\frac{\overline{q_1q_2\cdots q_s}+0.\dot{p}_1p_2\cdots\dot{p}_h}{10^s}=0.q_1q_2\cdots q_s\dot{p}_1p_2\cdots\dot{p}_h$.

以上三个定理清楚地说明了,判断一个既约分数(不要求是真分数,为什么?)是什么类型的小数,关键在于分母:

(1)分母不含 2,5 以外的质因数 $\Leftrightarrow$ 既约分数是有限小数;

(2)分母的质因数不含 2 和 5 $\Leftrightarrow$ 既约分数是无限循环小数;

(3)分母既含质因数 2 或 5,又含 2,5 以外的质因数 $\Leftrightarrow$ 既约分数是混循环小数.

这三种情形涵盖了分母的所有可能情形,这也表明,**无限不循环小数一定不是有理数**. 换句话说,如果将全体实数都看成无限小数,那全体有理数就是其中的全部无限循环小数,剩余的小数——无限不循环小数,则都是无理数. 从这个意义上讲,**分数集合是小数集合的真子集**(前者相当于有理数集,后者相当于实数集).

例 2.5.3 将混循环小数 $0.q_1q_2\cdots q_s\dot{p}_1p_2\cdots\dot{p}_h$ 化成真分数.

解 $$0.q_1q_2\cdots q_s\dot{p}_1p_2\cdots\dot{p}_h=\frac{1}{10^s}\left(\overline{q_1q_2\cdots q_s}+\frac{\overline{p_1p_2\cdots p_h}}{10^h-1}\right)$$

$$=\frac{1}{10^s\left(10^h-1\right)}\left(\overline{q_1q_2\cdots q_s}\left(10^h-1\right)+\overline{p_1p_2\cdots p_h}\right)$$

$$=\frac{1}{10^s\left(10^h-1\right)}\left[\left(\overline{q_1q_2\cdots q_s}\times 10^h+\overline{p_1p_2\cdots p_h}\right)-\overline{q_1q_2\cdots q_s}\right]$$

$$=\frac{1}{10^s\left(10^h-1\right)}\left(\overline{q_1q_2\cdots q_sp_1p_2\cdots p_h}-\overline{q_1q_2\cdots q_s}\right)$$

$$=\frac{\overline{q_1q_2\cdots q_sp_1p_2\cdots p_h}-\overline{q_1q_2\cdots q_s}}{\underbrace{99\cdots9}_{h\text{个}9}\underbrace{00\cdots0}_{s\text{个}0}}.$$

这个结论相当于化混循环小数为分数的公式,可以直接套用. 如:

$$0.531\dot{4}\dot{5}=\frac{53\,145-531}{99\,000}=\frac{2\,923}{5\,500},$$

$$0.276\dot{4}=\frac{2\,764-276}{9\,000}=\frac{311}{1\,125},$$

$$0.4238\dot{4}5\dot{9}=\frac{4\,238\,459-4\,238}{9\,990\,000}=\frac{156\,823}{370\,000}.$$

习题 2.5

1. 指出下列各循环小数的不循环部分及循环节,并用合适的方法表示此数:

(1)0.202 002 000 200 020 002 0…;

(2)0.110 111 011 110 111 101 110 111 011 110 111 101 110 111 011 110 111 101 110…;

(3)6.737 337 373 373 733 737 33…;

(4)5.116 216 216 216 21….

2. 指出下列分数化成小数后各属于哪种类型,并说明相应的位数或循环节长度,再把它们化成小数.

$$\frac{23}{1\,600},\ \frac{8}{17},\ \frac{16}{35},\ \frac{313}{625},\ \frac{121}{370},\ \frac{73}{11}.$$

3. 将分母为 7 和 14 的所有既约真分数都化成循环小数.

4. 化下列小数为既约分数:

0.043, 0.835, $0.\dot{7}\dot{2}$, $0.\dot{5}63\dot{2}$, $0.5\dot{4}$, $0.43\dot{5}\dot{7}$.

5. 把下列各分数化成循环小数,并求出小数点后第 200 位的数字是几?

(1)$\frac{5}{11}$;　　(2)$\frac{16}{27}$.

6. 计算:$0.\dot{1}\dot{1}+0.\dot{2}\dot{1}+0.\dot{3}\dot{1}+0.\dot{4}\dot{1}+0.\dot{5}\dot{1}+0.\dot{6}\dot{1}+0.\dot{7}\dot{1}+0.\dot{8}\dot{1}+0.\dot{9}\dot{1}$.

7. 化简：$0.10\dot{7}\times\cfrac{1}{0.0\dot{7}+\cfrac{1}{0.\dot{8}+\cfrac{1}{9}}}$.

课外补充题 2.5

1. 无限循环小数 $0.3\dot{9}5721\dot{6}$ 与 $0.14\dot{2}83754\dot{6}$ 在小数点后第多少位时，首次在该位上的数字都是 6?

2. 在循环小数 $0.\dot{1}23456\dot{7}$ 中，移动表示循环节的小圆点，使新的循环小数的第 100 位数字是 5，写出新的循环小数.

3. 循环小数 $0.\dot{a}b\dot{c}$ 化成既约分数后，分子分母之和为 58. 求此既约分数及 $0.\dot{a}b\dot{c}$.

4. 在混循环小数中移动循环节的第一个圆点，使产生的新的循环小数值尽可能大：

（1）$2.7182\dot{8}\dot{1}$；　（2）$3.1491\dot{5}2\dot{6}$.

5. 设 a 为一个自然数，A 是 1~9 的一个数字，若 $\frac{a}{444}=0.\dot{5}A\dot{9}$，则 a =________.

6. 真分数 $\frac{a}{7}$ 化成分数后，在小数点后 1 994 个数位上的数字和为 8 972，求 a 的值.

第 3 章　同余方程

所谓同余方程,简单地说,就是含有未知数的同余式. 如:

$$3x \equiv 2 \pmod{7},\quad x^4+3x-2 \equiv 0 \pmod{23},\quad 6x+3y \equiv 2 \pmod{9},\ \cdots .$$

本章只研究一元一次同余方程[形如 $ax \equiv b \pmod{m}$]及一元一次同余方程组(由几个含有相同未知数的一元一次同余方程组成的方程组),研究这些方程有解的条件及解法.

3.1　一元一次同余方程

先观察一下,哪些整数适合于同余方程 $3x \equiv 2 \pmod{7}$.

初步观察、尝试后,会发现适合于该方程的整数似乎很多. 它们有什么规律呢? 将这些整数逐一写出来后,就会看出来,原来它们都属于模 7 的同一个剩余类 $[3]_7$. 这又是怎么回事呢? 这是因为,只要 $a \equiv 3 \pmod{7}$,就有 $3a \equiv 3\times 3 \equiv 2 \pmod{7}$.

一般地,只要 $ax_0 \equiv b \pmod{m}$,则满足 $x \equiv x_0 \pmod{m}$ 的一切整数 x 都适合于同余方程 $ax \equiv b \pmod{m}$.

定义 3.1.1　若 $ax_0 \equiv b \pmod{m}$ 成立,则称 $x \equiv x_0 \pmod{m}$ 为同余方程 $ax \equiv b \pmod{m}$ 的一个解.

注意:同余方程 $ax \equiv b \pmod{m}$ 的解 $x \equiv x_0 \pmod{m}$ 不是一个整数,而是**模 m 的一个剩余类**,包含无穷多个整数. 这是同余方程与中学所学方程不一样的地方.

接下来要考虑的是,是否每个同余方程都有解,如果有解,有几个? 怎样找到全部解?

例 3.1.1　判断下列同余方程是否有解,有几个解:

(1) $5x \equiv 7 \pmod{9}$; $6x \equiv 3 \pmod{8}$;(3) $7x \equiv 3 \pmod{5}$;(4) $8x \equiv 12 \pmod{20}$.

分析　由于模 m 的剩余类只有 m 个,所以可以逐个试验.

解　经试验

方程(1)恰有 1 个解, $x \equiv 5 \pmod{9}$;

方程(2)没有解;

方程(3)恰有 1 个解, $x \equiv 4 \pmod{5}$;

方程(4)有 4 个解, $x \equiv 4 \pmod{20}$, $x \equiv 9 \pmod{20}$, $x \equiv 14 \pmod{20}$, $x \equiv 19 \pmod{20}$.

注意观察方程(3)与方程(4)的解,你有什么发现吗?

——它们对应的整数集合是相同的!

一般而言,如果 $m = dm_1\ (m, d, m_1 \in \mathbf{N}_+)$,则

$x \equiv x_0 \pmod{m_1}$ 与 $x \equiv x_0 + km_1 \pmod{m}\ (k = 0,1,\cdots,d-1)$ 对应的整数集合相同. 请读者思

考并证明.

如果将例 3.1.1 中各方程的模分别换为 323，873，1 000，4 288,你还能判断并找出它们的解吗?——显然,逐个去试是行不通的.

定理 3.1.1 若 $(a,m)=1$,则同余方程 $ax\equiv b(\bmod m)$ 有唯一解.

证明 1 设集合 $A=\{x_1,x_2,\cdots,x_m\}$ 为模 m 的一个完全剩余系,由于 $(a,m)=1$,所以集合 $B=\{ax_1,ax_2,\cdots,ax_m\}$ 也为模 m 的一个完全剩余系. 所以,对于整数 b,集合 B 中存在唯一的整数 ax_i,使 $ax_i\equiv b(\bmod m)$. 所以,$x\equiv x_i(\bmod m)$ 为同余方程 $ax\equiv b(\bmod m)$ 的唯一解.

证明 2 先证存在性. 即方程有解.

方法 1:由 $(a,m)=1$,且存在整数 s,t,使 $sa+tm=1$. 所以,$sba+tbm=b$. 于是,$a(sb)\equiv b(\bmod m)$. 故 $x\equiv sb(\bmod m)$ 就是同余方程 $ax\equiv b(\bmod m)$ 的解.

方法 2:因为 $(a,m)=1$,由欧拉定理,知 $a^{\varphi(m)}\equiv 1(\bmod m)$. 所以,

$$a^{\varphi(m)}b\equiv b(\bmod m),\quad a\left(a^{\varphi(m)-1}b\right)\equiv b(\bmod m).$$

故 $x\equiv a^{\varphi(m)-1}b(\bmod m)$ 就是同余方程 $ax\equiv b(\bmod m)$ 的解.

下证唯一性.

设 $x\equiv x_1(\bmod m)$，$x\equiv x_2(\bmod m)$ 都是同余方程 $ax\equiv b(\bmod m)$ 的解,则

$$ax_1\equiv b(\bmod m),\quad ax_2\equiv b(\bmod m),\quad ax_1\equiv ax_2(\bmod m).$$

由于 $(a,m)=1$,所以 $x_1\equiv x_2(\bmod m)$.

这就表明,同余方程 $ax\equiv b(\bmod m)$ 有唯一解.

上面的证明同时给出了当 $(a,m)=1$ 时,求解同余方程 $ax\equiv b(\bmod m)$ 的三种方法.

例 3.1.2 解同余方程 $14x\equiv 27(\bmod 31)$.

解 1(欧拉算法) 由辗转相除法,有

14	2	31
12	4	28
2	1	3
2	2	2
0		1

表 3-1-1

i	0	1	2	3
q_i		2	4	1
P_i	1	2	9	11
Q_i	0	1	4	5

列出表 3-1-1,易知 $5\times 31-11\times 14=1$. 所以,$11\times 14\equiv -1(\bmod 31)$,

所以,同余方程 $14x\equiv 27(\bmod 31)$ 的解为 $x\equiv 11\times(-27)\equiv 11\times 4\equiv 13(\bmod 31)$.

解 2(公式法) 由于 $(14,31)=1$，由欧拉定理,有

$$14^{\varphi(31)}=14^{30}\equiv 1(\bmod 31),\quad 14\times\left(14^{29}\times 27\right)\equiv 27(\bmod 31),$$

所以同余方程 $14x\equiv 27(\bmod 31)$ 的解为

$x \equiv 14^{29} \times 27 \equiv 2^{29} \times 7^{29} \times (-4) \equiv (2^5)^6 \times (7^3)^9 \times 7^2 \times (-2) \equiv 2^9 \times 7^2 \times (-2) \equiv -1 \times 18$

$\equiv 13 \pmod{31}$.

解 3（同余变形法） 由 $14x \equiv 27 \pmod{31}$，得

$14x \equiv -35 \pmod{31}$, $2x \equiv -5 \equiv 26 \pmod{31}$, $x \equiv 13 \pmod{31}$.

解 4（同余变形法） 由 $14x \equiv 27 \pmod{31}$，得

$14x \equiv 58 \pmod{31}$, $7x \equiv 29 \equiv 91 \pmod{31}$, $x \equiv 13 \pmod{31}$.

解 5（同余变形法） 由 $14x \equiv 27 \pmod{31}$，得

$28x \equiv 54 \pmod{31}$, $-3x \equiv 54 \pmod{31}$, $x \equiv -18 \equiv 13 \pmod{31}$.

解 6（同余变形法） $14x \equiv 27 \pmod{31} \Leftrightarrow 14x \equiv -4 \pmod{31}$

$\Leftrightarrow 7x \equiv -2 \equiv 91 \pmod{31} \Leftrightarrow x \equiv 13 \pmod{31}$.

解 7（同余变形法） $14x \equiv 27 \pmod{31} \Leftrightarrow 45x \equiv 27 \pmod{31}$

$\Leftrightarrow 5x \equiv 3 \equiv 65 \pmod{31} \Leftrightarrow x \equiv 13 \pmod{31}$.

……

前两种解法程序比较固定，但运算比较复杂；后几种解法运算较简单，但同余式两端加减模的多少倍比较合适，不太容易判断，初学者也不易掌握. 所以，各有利弊. 需多加练习，解题时才可以灵活选择方法.

一元一次同余方程解法很多，但一般要求最终得到的解 $x \equiv x_0 \pmod{m}$ 应满足

$0 \leqslant x_0 \leqslant m-1$.

例 3.1.3 解下列同余方程：

（1）$11x \equiv 40 \pmod{47}$；（2）$59x \equiv 179 \pmod{312}$；（3）$20x \equiv 3 \pmod{23}$.

前面讲过的几种方法都可以尝试一下，以便体会不同方法的利弊，并熟悉各种解法. 这里只给出结果：

（1）$x \equiv 25 \pmod{47}$；（2）$x \equiv 241 \pmod{312}$；（3）$x \equiv 22 \pmod{23}$.

定理 3.1.2 若 $(a,m)=d$，则同余方程 $ax \equiv b \pmod{m}$ 有解的充要条件是 $d \mid b$.

证明 先证充分性.

若 $(a,m)=d$，且 $d \mid b$，则可令 $a=da_1, m=dm_1, b=db_1, (a_1,m_1)=1$.

于是，同余方程 $a_1x \equiv b_1 \pmod{m_1}$ 有唯一解 $x \equiv x_0 \pmod{m_1}$.

则 $a_1x_0 \equiv b_1 \pmod{m_1}$, $da_1x_0 \equiv db_1 \pmod{dm_1}$，即 $ax_0 \equiv b \pmod{m}$.

所以，同余方程 $ax \equiv b \pmod{m}$ 有解.

再证必要性.

若同余方程 $ax \equiv b \pmod{m}$ 有解 $x \equiv x_0 \pmod{m}$，则有 $ax_0 \equiv b \pmod{m}$，且存在整数 k，使 $ax_0 - km = b$. 因为 $(a,m)=d$，所以 $d \mid a, d \mid m$, $d \mid b$.

定理 3.1.3 若 $(a,m)=d$ 且 $d \mid b$，则同余方程 $ax \equiv b \pmod{m}$ 恰有 d 个解.

证明 若 $(a,m)=d$ 且 $d \mid b$，则可令 $a=da_1, m=dm_1, b=db_1, (a_1,m_1)=1$.

于是,据同余性质, $ax \equiv b(\bmod m) \Leftrightarrow a_1x \equiv b_1(\bmod m_1)$.

又由 $(a_1, m_1) = 1$,可知同余方程 $a_1x \equiv b_1(\bmod m_1)$ 有唯一解,记为 $x \equiv x_0(\bmod m_1)$. 由例 3.1.1 中(3)(4)解的情况对比结论,可知 $x \equiv x_0(\bmod m_1)$ 与 $x \equiv x_0 + km_1(\bmod m)$ $(k = 0,1,\cdots,d-1)$ 对应的整数集合相同,且只有这些整数适合同余方程 $ax \equiv b(\bmod m)$.

所以,同余方程 $ax \equiv b(\bmod m)$ 的解为 $x \equiv x_0 + km_1(\bmod m)(k = 0,1,\cdots,d-1)$,即恰有 d 个解.

注意: $x \equiv x_0(\bmod m_1)$ 不是同余方程 $ax \equiv b(\bmod m)$ 的解. 因为同余方程 $ax \equiv b(\bmod m)$ 的解只能是模 m 的剩余类而不是模 m_1 的剩余类. 换句话说,同余方程 $a_1x \equiv b_1(\bmod m_1)$ 与同余方程 $ax \equiv b(\bmod m)$ 不同解. 前者只有唯一解(模 m_1 的 1 个类),后者恰有 d 个解(模 m 的 d 个类). 但前者的一个解与后者的 d 个解对应的整数集合是相同的.

在本书 4.1 节中,将用不定方程的相关知识进一步解释此定理.

例 3.1.4 解下列同余方程:

(1) $12x + 15 \equiv 0(\bmod 45)$;(2) $40x \equiv 6(\bmod 46)$.

解 (1) $12x \equiv -15 \equiv 30(\bmod 45)$, 由于 $(12, 45) = 3 \mid 30$,所以原方程有 3 个解.

先解同余方程 $4x \equiv 10(\bmod 15)$,它有唯一解. 因为 $(2, 15) = 1$,所以 $2x \equiv 5 \equiv 20(\bmod 15)$, $x \equiv 10(\bmod 15)$. 同余方程 $4x \equiv 10(\bmod 15)$ 有唯一解 $x \equiv 10(\bmod 15)$.

所以,同余方程 $12x + 15 \equiv 0(\bmod 45)$ 的 3 个解为 $x \equiv 10 + 15k(\bmod 45)(k = 0,1,2)$,即 $x \equiv 10(\bmod 45)$, $x \equiv 25(\bmod 45)$, $x \equiv 40(\bmod 45)$.

(2)由于 $(40, 46) = 2 \mid 6$, 所以原方程有 2 个解.

先解同余方程 $20x \equiv 3(\bmod 23)$,它有唯一解.

$$20x \equiv 3 \equiv -20(\bmod 23),\quad x \equiv -1 \equiv 22(\bmod 23).$$

所以,同余方程 $20x \equiv 3(\bmod 23)$ 有唯一解 $x \equiv 22(\bmod 23)$,同余方程 $40x \equiv 6(\bmod 46)$ 的 2 个解为 $x \equiv 22 + 23k(\bmod 46)(k = 0,1)$,即 $x \equiv 22(\bmod 46)$, $x \equiv 45(\bmod 46)$.

可以看到,对于 $(a, m) = d \neq 1$ 的情形,解同余方程 $ax \equiv b(\bmod m)$ 的步骤相对比较固定.

第一步,当 $d \nmid b$ 时,无解,结束;当 $d \mid b$ 时,有 k 个解,进入下一步.

第二步,求同余方程 $\frac{a}{d}x \equiv \frac{b}{d}\left(\bmod \frac{m}{d}\right)$ 的唯一解 $x \equiv x_0\left(\bmod \frac{m}{d}\right)$.

第三步,写出同余方程 $ax \equiv b(\bmod m)$ 的 d 个解:(一般最终结论应分开写)

$$x \equiv x_0 + km_1(\bmod m)(k = 0,1,\cdots,d-1) .$$

习题 3.1

1. 试判断下列同余方程是否有解,有几个解:

(1) $5x \equiv 5(\bmod 10)$;(2) $5x \equiv 5(\bmod 2)$;(3) $6x \equiv 3(\bmod 8)$;

(4) $11x \equiv 7(\bmod 2)$;(5) $6x \equiv 3(\bmod 5)$;(6) $16x \equiv 36(\bmod 12)$.

2. 写出下列每组中两个方程的解,并将它们对应的整数集合写出来:

(1) $3x \equiv 2 \pmod{7}$ 与 $15x \equiv 10 \pmod{35}$;

(2) $5x \equiv 2 \pmod{4}$ 与 $20x \equiv 8 \pmod{16}$.

3. 解下列同余方程:

(1) $11x \equiv 40 \pmod{12}$;(2) $19x \equiv 79 \pmod{31}$;(3) $13x \equiv 3 \pmod{47}$;

(4) $7x \equiv 23 \pmod{12}$;(5) $9x \equiv 79 \pmod{31}$;(6) $37x \equiv 173 \pmod{97}$.

4. 解下列同余方程:

(1) $24x \equiv 18 \pmod{30}$;(2) $9x \equiv 21 \pmod{33}$;(3) $10x \equiv 35 \pmod{25}$;

(4) $45x \equiv 105 \pmod{60}$;(5) $36x \equiv 27 \pmod{45}$;(6) $24x \equiv 40 \pmod{16}$.

课外补充题 3.1

1. 解同余方程 $325x \equiv 20 \pmod{161}$.

2. 解同余方程 $81x^3 + 24x^2 + 5x + 23 \equiv 0 \pmod{7}$.

3. 解同余方程:$2x + 7y \equiv 5 \pmod{12}$.

3.2 一元一次同余方程组

3.2.1 模两两互质的一元一次同余方程组

我国古代数学著作《孙子算经》(约公元3世纪成书)中的"今有物"问题.

例 3.2.1 "今有物不知其数. 三三数之剩二,五五数之剩三,七七数之剩二. 问物几何?"

如果设其数为 x, 此题即可用现代数学语言表述为

已知 $\begin{cases} x \equiv 2 \pmod{3} \\ x \equiv 3 \pmod{5} \\ x \equiv 2 \pmod{7} \end{cases}$,求 x.

也就是求解同余方程组 $\begin{cases} x \equiv 2 \pmod{3} \\ x \equiv 3 \pmod{5} \\ x \equiv 2 \pmod{7} \end{cases}$.

《孙子算经》中给出的解法是:"术曰:三三数之剩二,置一百四十,五五数之剩三,置六十三,七七数之剩二,置三十,并之得二百三十三,以之减二百一十,即得二十三."

明代数学家程大位编著的《算法统宗》里给出此题的算法口诀为

三人同行七十稀,

五树梅花廿一枝,

七子团圆月正半,

除百零五便得知.

口诀的意思是,用被3除的余数2与70的积,加上被5除的余数3与21的积,再加上

被 7 除的余数 2 与 15 的积,用这个和减去 105 的整数倍,即可得到满足条件的最小正整数.即 $x = 2\times 70 + 3\times 21 + 2\times 15 - k\cdot 105$.

令大家感到迷惑的可能是以下三点:

第一,70,21,15 这几个数是怎么得到的?

第二,为什么可以这样算? 依据是什么?

第三,当余数改变之后,口诀是否依然可用?

首先,观察 70,21,15 满足的条件:

$$70\equiv 1\pmod 3, 70\equiv 0\pmod 5, 70\equiv 0\pmod 7;$$

$$21\equiv 0\pmod 3, 21\equiv 1\pmod 5, 21\equiv 0\pmod 7;$$

$$15\equiv 0\pmod 3, 15\equiv 0\pmod 5, 15\equiv 1\pmod 7.$$

据此,容易判断结论的合理性.而且也不难想到,70 就是 5 和 7 的公倍数中,被 3 除余 1 的最小数,21 和 15 也类似.

定理 3.2.1　设 $(m_i,m_j)=1(i\neq j)$,则同余方程组

$$\begin{cases} x\equiv b_1\pmod{m_1} \\ x\equiv b_2\pmod{m_2} \\ \quad\vdots \\ x\equiv b_n\pmod{m_n} \end{cases}$$

有唯一解

$$x\equiv b_1M_1k_1+b_2M_2k_2+\cdots+b_nM_nk_n\pmod M.$$

其中,$M=m_1m_2\cdots m_n=m_iM_i$, $M_ik_i\equiv 1\pmod{m_i}(i=1,2,\cdots,n)$.

证明

首先,证明满足 $M_ik_i\equiv 1\pmod{m_i}(i=1,2,\cdots,n)$ 的 k_i 存在.

由 $M_i=\dfrac{M}{m_i}=m_1m_2\cdots m_{i-1}m_{i+1}\cdots m_n(i=1,2,\cdots,n)$,知 $(m_i,M_i)=1$, 所以存在 k_i,使 $M_ik_i=1\pmod{m_i}$.

其次,证明 $x=b_1M_1k_1+b_2M_2k_2+\cdots+b_nM_nk_n\pmod M$ 是已知同余方程组的解.

当 $i\neq j$ 时,$m_i\mid M_j$,所以

$$b_1M_1k_1+b_2M_2k_2+\cdots+b_nM_nk_n\equiv b_iM_ik_i\equiv b_i\pmod{m_i}.$$

又 $(m_i,m_j)=1(i\neq j)$,故

$$x\equiv b_1M_1k_1+b_2M_2k_2+\cdots+b_nM_nk_i\pmod M$$ 是已知同余方程组的解.

最后,证明唯一性.

设 $x\equiv s\pmod M$ 与 $x\equiv t\pmod M$ 都是同余方程组的解,则

$$s\equiv b_i\pmod{m_i},\quad t\equiv b_i\pmod{m_i}(i=1,2,\cdots,n).$$

从而,$s\equiv t\pmod{m_i}$. 又 $(m_i,m_j)=1(i\neq j)$,故 $s\equiv t\pmod M$,即同余方程组有唯一解.

中国人常称此定理为“孙子定理”,《数书九章》中给出了解决此类问题(“今有物”问题的推广问题)的一般方法—— “大衍求一术”. 西方直到 19 世纪才由高斯独立发现了同样的解法. 本书中的表述方式就是高斯的表述方式. 后来高斯了解了中国古代的这些数学成就后,称此定理为“中国剩余定理”. 从此,西方将这一名称一直沿用至今.

下面的表格(表 3-2-1,表 3-2-2)是“大衍求一术”中各名词与定理 3.2.1 的对比.

表 3-2-1 “今有物”问题

除数(模)	余数	最小公倍数	衍数	乘率	各总	答数	最小答数
3	2	$3\times5\times7=105$	5×7	2	$2\times35\times2$	140+63+30=233	$233-2\times105=23$
5	3		3×7	1	$3\times21\times1$		
7	2		3×5	1	$2\times15\times1$		

表 3-2-2 “模两两互质的同余方程组”问题

除数(模)	余数	最小公倍数	衍数	乘率	各总	答数	最小答数
m_1	b_1	$M=m_1m_2\cdots m_n$	M_1	k_1	$b_1M_1k_1$	$x\equiv\sum_{i=1}^{n}b_iM_ik_i\pmod M$	答数中的最小正整数
m_2	b_2		M_2	k_2	$b_2M_2k_2$		
$\vdots$	$\vdots$		$\vdots$	$\vdots$	$\vdots$		
m_n	b_n		M_n	k_n	$b_nM_nk_n$		

可见,用此法真正需要计算的就是乘率 k_i. 计算方法就是从 1 开始依次寻找使 $M_ik_i\equiv1\pmod{m_i}$ 成立的 k_i . 当然,如果数字比较大,也需要一定技巧.

例 3.2.2 (“韩信点兵”问题)今有兵 3 000~5 000 人,排成 5 列纵队,则末行 4 人,排成 7 列纵队,则末行 3 人,排成 8 列纵队,则末行 2 人,排成 9 列纵队,则末行 5 人. 求兵数.

解 由于 5,7,8,9 两两互质,符合孙子定理条件. 具体解法见表 3-2-3.

表 3-2-3 “韩信点兵”问题

除数(模)	余数	最小公倍数	衍数	乘率	各总	答数	最小答数
5	4	$5\times7\times8\times9=2\,520$	$7\times8\times9$	4	$4\times504\times4$	8 064+5 400+1 890+1 400=16 754	$16\,754-6\times2\,520=1\,634$
7	3		$5\times8\times9$	5	$3\times360\times5$		
8	2		$5\times7\times9$	3	$2\times315\times3$		
9	5		$5\times7\times8$	1	$5\times280\times1$		

若用现代数学语言,则可表述为

设兵数为 x，则 $\begin{cases} x\equiv 4\pmod 5, \\ x\equiv 3\pmod 7, \\ x\equiv 2\pmod 8, \\ x\equiv 5\pmod 9. \end{cases}$

由孙子定理，方程组有唯一解.

因为

$$7\times 8\times 9\times 4\equiv 1\pmod 5,\ 5\times 8\times 9\times 5\equiv 1\pmod 7,$$

$$5\times 7\times 9\times 3\equiv 1\pmod 8,\ 5\times 7\times 8\times 1\equiv 1\pmod 9.$$

所以方程组的唯一解为

$$x\equiv 4\times 7\times 8\times 9\times 4+3\times 5\times 8\times 9\times 5+2\times 5\times 7\times 9\times 3+5\times 5\times 7\times 8\times 1$$

$$\equiv 8\ 064+5\ 400+1\ 890+1\ 400\equiv 16\ 754\equiv 1\ 634\pmod{2\ 520}.$$

由于兵数在 3 000~5 000 之间，故兵数为 1 634+2 520=4 154 人.

3.2.2　一般一元一次同余方程组解的判定及求法

用孙子定理解决模两两互质的一次同余方程组的确简单且高效. 但是，更多的方程组并不满足“模两两互质”. 此时，解的情况又如何呢？

定理 3.2.2　同余方程组 $\begin{cases} x\equiv b_1\pmod{m_1} \\ x\equiv b_2\pmod{m_2} \end{cases}$ 有解的充要条件为 $(m_1,m_2)\mid(b_1-b_2)$.

证明　先证必要性.

设同余方程组 $\begin{cases} x\equiv b_1\pmod{m_1} \\ x\equiv b_2\pmod{m_2} \end{cases}$ 有解 $x\equiv r\left(\bmod [m_1,m_2]\right)$，则有

$$\begin{cases} r\equiv b_1\pmod{m_1}, \\ r\equiv b_2\pmod{m_2}. \end{cases}$$

于是，$m_1\mid(r-b_1)$，$m_2\mid(r-b_2)$.

所以 $(m_1,m_2)\mid[(r-b_2)-(r-b_1)]$，$(m_1,m_2)\mid(b_1-b_2)$.

再证充分性.

由同余方程 $x\equiv b_1\pmod{m_1}$，得 $x=b_1+m_1t\ (t\in\mathbf{Z})$.

代入方程 $x\equiv b_2\pmod{m_2}$，得 $b_1+m_1t\equiv b_2\pmod{m_2}$，即 $m_1t\equiv b_2-b_1\pmod{m_2}$，视其为关于整数 t 的同余方程，由于 $(m_1,m_2)=d\mid(b_1-b_2)$，所以此方程有解，从而原方程组有解.

证毕.

推论　同余方程组 $\begin{cases} x\equiv b_1\pmod{m_1} \\ x\equiv b_2\pmod{m_2} \\ \quad\vdots \\ x\equiv b_n\pmod{m_n} \end{cases}$ 有解的充要条件为

$$(m_i,m_j)\mid(b_i-b_j)\ (i\neq j,i,j=1,2,\cdots,n).$$

由定理 3.2.2 及其推论,彻底解决了一次同余方程组是否有解的问题. 但是,有解的时候,有几个解及如何求解的问题还没有解决. 不过,之前已经知道模两两互质的同余方程组有唯一解,并且掌握了求解方法. 所以,可以想办法将模不满足两两互质条件的一次同余方程组转化为模两两互质的一次同余方程组.

定理 3.2.3 设 $m=p_1^{\alpha_1}p_2^{\alpha_2}\cdots p_n^{\alpha_n}$ ($p_1,p_2,\cdots,p_n$ 为互异质数, $\alpha_i\in\mathbf{N}_+$),则同余方程 $x\equiv a\pmod m$ 与同余方程组 $\begin{cases}x\equiv a\left(\bmod p_1^{\alpha_1}\right)\\x\equiv a\left(\bmod p_2^{\alpha_2}\right)\\\quad\vdots\\x\equiv a\left(\bmod p_n^{\alpha_n}\right)\end{cases}$ 同解.

证明 设 $s\in\mathbf{Z}$,且 $\begin{cases}s\equiv a\left(\bmod p_1^{\alpha_1}\right)\\s\equiv a\left(\bmod p_2^{\alpha_2}\right)\\\quad\vdots\\s\equiv a\left(\bmod p_n^{\alpha_n}\right)\end{cases}$ 由于 $p_1,p_2,\cdots,p_n$ 为互异质数,所以 $p_1^{\alpha_1}$, $p_2^{\alpha_2}$, $\cdots$, $p_n^{\alpha_n}$ 两两互质,则 $s\equiv a\left(\bmod p_1^{\alpha_1}p_2^{\alpha_2}\cdots p_n^{\alpha_n}\right)$. 可见,同余方程组的解显然是同余方程 $x\equiv a\pmod m$ 的解.

再设 $s\equiv a\pmod m$,即 $s\equiv a\left(\bmod p_1^{\alpha_1}p_2^{\alpha_2}\cdots p_n^{\alpha_n}\right)$,则 $s\equiv a\left(\bmod p_i^{\alpha_i}\right)(i=1,2,\cdots,n)$. 所以,同余方程 $x\equiv a\pmod m$ 的解是同余方程组的解.

这就证明了,同余方程 $x\equiv a\pmod m$ 与同余方程组 $\begin{cases}x\equiv a\left(\bmod p_1^{\alpha_1}\right)\\x\equiv a\left(\bmod p_2^{\alpha_2}\right)\\\quad\vdots\\x\equiv a\left(\bmod p_n^{\alpha_n}\right)\end{cases}$ 同解.

定理 3.2.4 设 p 为质数, $\alpha,\beta\in\mathbf{N}_+$, $\alpha\geqslant\beta$, 且 $p^{\beta}\mid(b_1-b_2)$, 则同余方程组 $\begin{cases}x\equiv b_1\left(\bmod p^{\alpha}\right)\\x\equiv b_2\left(\bmod p^{\beta}\right)\end{cases}$ 与同余方程 $x\equiv b_1\left(\bmod p^{\alpha}\right)$ 同解.

定理的结论几乎是自明的,证明留给读者完成.

至此,终于彻底解决了一次同余方程组的求解问题.

例 3.2.3 判断下列方程组是否有解;若有解,求出其解.

(1) $\begin{cases}x\equiv 7\pmod{20}\\x\equiv 23\pmod{28}\\x\equiv 2\pmod{35}\\x\equiv 37\pmod{70}\end{cases}$; (2) $\begin{cases}x\equiv 13\pmod{25}\\x\equiv 24\pmod{36}\\x\equiv 33\pmod{45}\\x\equiv 48\pmod{60}\end{cases}$.

解　(1)由于

$$(20,28)\mid(23-7),\ (20,35)\mid(7-2),\ (20,70)\mid(37-7),$$

$$(28,35)\mid(23-2),\ (28,70)\mid(37-23),\ (35,70)\mid(37-2),$$

所以,方程组有解.

对各个模进行质因数分解:

$$20=2^2\times5,\ 28=2^2\times7,\ 35=5\times7,\ 70=2\times5\times7.$$

所以,原方程组可化为

$$\begin{cases}x\equiv 7\pmod 4\\x\equiv 7\pmod 5\\x\equiv 23\pmod 4\\x\equiv 23\pmod 7\\x\equiv 2\pmod 5\\x\equiv 2\pmod 7\\x\equiv 37\pmod 2\\x\equiv 37\pmod 5\\x\equiv 37\pmod 7\end{cases}\Rightarrow\begin{cases}x\equiv 3\pmod 4\\x\equiv 2\pmod 5\\x\equiv 3\pmod 4\\x\equiv 2\pmod 7\\x\equiv 2\pmod 5\\x\equiv 2\pmod 7\\x\equiv 1\pmod 2\\x\equiv 2\pmod 5\\x\equiv 2\pmod 7\end{cases}\Rightarrow\begin{cases}x\equiv 3\pmod 4\\x\equiv 2\pmod 5\\x\equiv 2\pmod 7\end{cases}$$

由于 4,5,7 两两互质,由孙子定理,得

$$x\equiv3\times105+2\times56+2\times120\equiv667\equiv107\pmod{140}.$$

所以,同余方程组的解为 $x\equiv107\pmod{140}$.

(2)由于

$$(25,36)\mid(24-13),\ (25,45)\mid(33-13),\ (25,60)\mid(48-13),$$

$$(36,45)\mid(33-24),\ (36,60)\mid(48-24),\ (45,60)\mid(48-33),$$

所以,方程组有解.

对各个模进行质因数分解:

$$25=5^2,\ 36=2^2\times3^2,\ 45=3^2\times5,\ 60=2^2\times5\times3.$$

所以,原方程组可化为

$$\begin{cases}x\equiv 13\pmod{25}\\x\equiv 24\pmod 4\\x\equiv 24\pmod 9\\x\equiv 33\pmod 9\\x\equiv 33\pmod 5\\x\equiv 48\pmod 4\\x\equiv 48\pmod 3\\x\equiv 48\pmod 5\end{cases}\Rightarrow\begin{cases}x\equiv 13\pmod{25}\\x\equiv 0\pmod 4\\x\equiv 6\pmod 9\\x\equiv 6\pmod 9\\x\equiv 3\pmod 5\\x\equiv 0\pmod 4\\x\equiv 0\pmod 3\\x\equiv 3\pmod 5\end{cases}\Rightarrow\begin{cases}x\equiv 13\pmod{25}\\x\equiv 0\pmod 4\\x\equiv 6\pmod 9\end{cases}.$$

由于 25,4,9 两两互质,由孙子定理,得

$$x\equiv13\times576+0+6\times100\equiv8\ 088\equiv888\pmod{900}.$$

所以,同余方程组的解为$x\equiv 888\pmod{900}$.

也可以先化简,再判断. 方程组化简结果的形式也可以不同. 如本例(1)化简后的方程组可以是以下任一形式,还可以是其他形式:

$$\begin{cases}x\equiv 3\pmod 4\\ x\equiv 2\pmod{35}\end{cases},\quad \begin{cases}x\equiv 23\pmod{28}\\ x\equiv 2\pmod 5\end{cases},\quad \begin{cases}x\equiv 7\pmod{20}\\ x\equiv 2\pmod 7\end{cases},\cdots$$

例 3.2.4 一批货物有 1 000~1 200 件. 如果每车装 36 件,最后剩 6 件;如果每车装 40 件,最后剩 10 件;如果每车装 45 件,最后剩 15 件. 问这批货物共多少件?

解 设这批货物共x件,则$\begin{cases}x\equiv 6\pmod{36}\\ x\equiv 10\pmod{40}\\ x\equiv 15\pmod{45}\end{cases}$.

变形,得$\begin{cases}x\equiv 2\pmod 4\\ x\equiv 6\pmod 9\\ x\equiv 2\pmod 8\\ x\equiv 0\pmod 5\\ x\equiv 0\pmod 5\\ x\equiv 6\pmod 9\end{cases}\Rightarrow\begin{cases}x\equiv 2\pmod 8\\ x\equiv 0\pmod 5\\ x\equiv 6\pmod 9\end{cases}$.

由孙子定理,同余方程组的解为$x\equiv 2\times 225+0+6\times 280\equiv 2130\equiv 330\pmod{360}$.

依题意,符合条件的解为 330+2 × 360=1 050 件,即共有货物 1 050 件.

习题 3.2

1. 判断下列方程组是否有解,若有解,求出其解.

(1)$\begin{cases}x\equiv 2\pmod 4\\ x\equiv 1\pmod 5\\ x\equiv 2\pmod 7\\ x\equiv 3\pmod 9\end{cases}$;　(2)$\begin{cases}x\equiv 2\pmod 4\\ x\equiv 20\pmod 6\\ x\equiv 2\pmod 9\\ x\equiv 6\pmod{12}\end{cases}$;

(3)$\begin{cases}x\equiv 8\pmod{20}\\ x\equiv 16\pmod{28}\\ x\equiv 2\pmod{24}\\ x\equiv 30\pmod{14}\end{cases}$;　(4)$\begin{cases}x\equiv 12\pmod{24}\\ x\equiv 24\pmod{20}\\ x\equiv 34\pmod{25}\\ x\equiv 96\pmod{36}\end{cases}$.

2. 求解下列一次同余方程组:

(1)$\begin{cases}x\equiv 7\pmod{12}\\ x\equiv 31\pmod{36}\\ x\equiv -9\pmod{40}\\ x\equiv 81\pmod{50}\end{cases}$;　(2)$\begin{cases}x\equiv 12\pmod{54}\\ x\equiv 66\pmod{72}\\ x\equiv 102\pmod{100}\\ x\equiv 27\pmod{75}\end{cases}$.

课外补充题 3.2

1. 解同余方程组

（1）$\begin{cases} 3x+5y\equiv 1 \pmod 7 \\ 2x-3y\equiv 2 \pmod 7 \end{cases}$；　　（2）$\begin{cases} 3x+5y\equiv 38 \pmod{47} \\ x-y\equiv 10 \pmod{47} \end{cases}$.

2. 求相邻的四个最小正整数，使它们从小到大依次可以被 4，9，25，49 整除.

3. 求模 7 的一个完全剩余系，使其中每个数被 2，3，5 除后所得余数分别为 1，-1，1.

4. 甲乙两人做游戏，甲让乙任选一个小于 1 000 的正整数，依次用 7，11，13 去除，说出 3 个余数，甲立刻说出这个正整数. 请写出甲的算法.

第 4 章　不定方程

数论中的不定方程一般指多项式方程或方程组，系数和未知数均要求为整数，并且方程个数少于未知数的个数. 不定方程是数论中最古老的一个分支，内容极其丰富，并极富生命力. 本章主要研究二元一次不定方程的解的判定与求法、三元一次不定方程（组）的处理思路及简单的非线性不定方程.

4.1　二元一次不定方程

类似于代数方程的命名，将形如 $ax+by=c\left(a,b,c\in\mathbf{Z},\ a,b\neq 0\right)$ 的方程称为二元一次不定方程（其他不定方程的取名类似，不再给出定义）. 所要研究的是，什么样的二元一次不定方程有整数解［满足方程的整数对 (x,y) 的一组值，称为方程的一个解］，什么样的没有整数解；有整数解的，解有什么规律.

先看几个例子：(1) $2x+3y=1$; (2) $4x-10y=3$; (3) $6x+9y=8$; (4) $6x+8y=4$.

易知（−4，3），（−1，1），（2，−1），（5，−3），……都是方程（1）的解；方程（2）左右两端奇偶性不同，故无整数解；方程（3）左端是 3 的倍数，右端不是，故无整数解；方程（4）同解于方程 $3x+4y=2$，易知（−6，5），（−2，2），（2，−1），（6，−4），……都是方程（4）的解. 仔细观察这几个例子，并认真探究一番，不难发现以下规律.

定理 4.1.1　不定方程 $ax+by=c$ 有整数解的充要条件是 $(a,b)\mid c$.

证明　必要性. 若不定方程 $ax+by=c$ 有整数解 (x_0,y_0)，则 $ax_0+by_0=c$.

设 $d=(a,b)$，则 $d\mid a,d\mid b\Rightarrow d\mid(ax_0+by_0)\Rightarrow d\mid c$.

充分性. 设 $d=(a,b),c=de$，则存在整数 s 和 t，使 $sa+tb=d\Rightarrow esa+etb=ed=c$.

所以，不定方程 $ax+by=c$ 有整数解 (es,et) .

定理 4.1.1 还表明：

（1）不定方程 $ax+by=c$ 无整数解的充要条件是 $(a,b)\nmid c$;

（2）若 $(a,b)=1$，则不定方程 $ax+by=c$ 必有整数解.

实际上，当 $(a,b)\neq 1$ 时，方程两边同时约去 (a,b)，即将方程化成了 $(a,b)=1$ 的情形. 所以，只需研究 $(a,b)=1$ 的情况.

定理 4.1.2　设 $(a,b)=1$，且不定方程 $ax+by=c$ 有整数解 (x_0,y_0)，则不定方程 $ax+by=c$ 的全部整数解均可表示为 $\begin{cases}x=x_0+bt\\ y=y_0-at\end{cases}(t\in\mathbf{Z})$.

证明　显然，$\begin{cases}x=x_0+bt\\ y=y_0-at\end{cases}(t\in\mathbf{Z})$ 是不定方程的解. 只需证方程的任意一个整数解均可表

示为$\begin{cases} x = x_0 + bt \\ y = y_0 - at \end{cases}(t \in \mathbf{Z})$的形式.

设(x_1, y_1)是不定方程$ax + by = c$的任意一个整数解，则$ax_1 + by_1 = c$，于是有

$$a(x_1 - x_0) + b(y_1 - y_0) = 0 \Rightarrow a(x_1 - x_0) = -b(y_1 - y_0).$$

由于$(a,b) = 1$，所以，$b \mid (x_1 - x_0)$. 令$x_1 - x_0 = bt(t \in \mathbf{Z})$，则$x_1 = x_0 + bt$，且$a(x_1 - x_0) = abt = -b(y_1 - y_0) \Rightarrow y_1 = y_0 - at$.

所以，不定方程$ax + by = c$的任意一个整数解均可表示为$\begin{cases} x = x_0 + bt \\ y = y_0 - at \end{cases}(t \in \mathbf{Z})$的形式.

有时，也将不定方程$ax + by = c$的全部整数解表示成$\begin{cases} x = x_0 - bt \\ y = y_0 + at \end{cases}(t \in \mathbf{Z})$的形式，你知道这是为什么吗？

不定方程的全部解也称为不定方程的通解，其中任意一个解都称为特解.

注意：这个通解形式的前提是**一次项系数互质**. 不互质的时候需要先化简.

在通解的一般形式中，如果所用的特解不同，结果会一样吗？动手试一下就知道了. 而且，也容易发现其中的道理.

例 4.1.1　解下列二元一次不定方程：

（1）$5x - 6y = 7$；（2）$2x + 3y = 18$；（3）$11x + 15y = 7$；（4）$5x - 14y = -11$.

解　（1）$\begin{cases} x = 5 \\ y = 3 \end{cases}$是一个特解，所以其通解为$\begin{cases} x = 5 - 6t \\ y = 3 - 5t \end{cases}(t \in \mathbf{Z})$.

（你找到了哪个特解？怎么找到的？）

（2）$\begin{cases} x = 3 \\ y = 4 \end{cases}$是一个特解[（0，6），（9，0），（6，2），（12，-2），……都是特解，你找到的是哪个？]，所以其通解为$\begin{cases} x = 3 + 3t \\ y = 4 - 2t \end{cases}(t \in \mathbf{Z})$.

（3）$\begin{cases} x = 2 \\ y = -1 \end{cases}$是一个特解，所以其通解为$\begin{cases} x = 2 + 15t \\ y = -1 - 11t \end{cases}(t \in \mathbf{Z})$.

（4）$\begin{cases} x - -5 \\ y = -1 \end{cases}$是一个特解，所以其通解为$\begin{cases} x = -5 - 14t \\ y = -1 - 5t \end{cases}(t \in \mathbf{Z})$.

从以上例子中大家已经看到，如果二元一次方程有解，那么关键在于求其特解. 刚才大家应该已有所体会，仅靠观察好像并不那么容易，特别是在系数比较大的时候. 下面以不定方程（3）为例，介绍几种求特解的方法.

1. 欧拉算法

由辗转相除法，有

11	1	15
8	2	11
3	1	4
3	3	3
0		1

表 4-1-1

i	0	1	2	3
q_i		1	2	1
P_i	1	1	3	4
Q_i	0	1	2	3

列出表 4-1-1,易知 $-4\times 11+3\times 15=1$,$-4\times 7\times 11+3\times 7\times 15=1\times 7$.

所以,$(-28,21)$即为其一个特解.

2. 系数变换法

方法 1:将方程变形为 $11x+11y-11=-4-4y=-4(1+y)$,

于是,$\begin{cases}1+y=11t\\x+y-1=-4t\end{cases}\Rightarrow\begin{cases}y=-1+11t\\x=2-15t\end{cases}$,取 $t=0$(也可取其他值),得 $\begin{cases}x=2\\y=-1\end{cases}$. 所以(2,−1)即为不定方程的一个特解.

方法 2:也可以将方程变形为 $15x+15y-15=4x-8=4(x-2)$,

于是,$\begin{cases}x-2=15t\\x+y-1=4t\end{cases}\Rightarrow\begin{cases}x=2+15t\\y=-1-11t\end{cases}$,取 $t=0$(也可取其他值),得 $\begin{cases}x=2\\y=-1\end{cases}$.

方法 3:还可以将方程变形为 $14x+14y-7=3x-y$,

于是,$\begin{cases}2x+2y-1=t\\3x-y=7t\end{cases}\Rightarrow\begin{cases}x=\dfrac{1+15t}{8}=2t+\dfrac{1-t}{8}\in\mathbf{Z}\\y=\dfrac{3-11t}{8}=-t+\dfrac{3(1-t)}{8}\in\mathbf{Z}\end{cases}$. 令 $\dfrac{1-t}{8}=s$, 得 $\begin{cases}x=2-15s\\y=-1+11s\end{cases}$,取 $s=0$(也可取其他值),得 $\begin{cases}x=2\\y=-1\end{cases}$.

大家可以看到,以三个系数中的任一个为主进行变换都可以. 实际上在实现变换的同时,已经得到了通解,而不仅仅是特解. 所以,也不一定需要套公式.

3. 同余方程法

显然,原方程可以写成以下两个同余方程之一:

$$11x\equiv 7(\bmod 15),\ 15y\equiv 7(\bmod 11).$$

不妨选第一个,将其变形为 $11x\equiv 22(\bmod 15)\Rightarrow x\equiv 2(\bmod 15)$.(也可用其他解法)于是,$x=2+15t(t\in\mathbf{Z})$. 代入原方程,即得解.

一般地,不定方程 $ax+by=c$ 均可化为同余方程 $ax\equiv c(\bmod b)$ 或 $by\equiv c(\bmod a)$. 从而可以通过解其中任意一个同余方程而得到原不定方程的解.

另一方面,同余方程 $ax\equiv b(\bmod m)$ 亦可化为不定方程 $ax+my=b$.(想一想,为什么?)故也可以通过解不定方程来解同余方程. 这就是说,一元一次同余方程与二元一次不定方程本质上是相通的,可以互化.

下面不妨用不定方程的相关知识来解释定理 3.1.3.

若 $(a,m)=d$ 且 $d|b$，则同余方程 $ax\equiv b(\bmod m)$ 恰有 d 个解.

由于同余方程 $ax\equiv b(\bmod m)$ 可化为不定方程 $ax+my=b$.

令 $a=da_1, m=dm_1, b=db_1, (a_1,m_1)=1$，则易见不定方程 $ax+my=b$ 同解于不定方程 $a_1x+m_1y=b_1$.

设其解为 $\begin{cases}x=x_0-m_1t\\ y=y_0+a_1t\end{cases}(t\in\mathbf{Z})$.

而另一方面，不定方程 $a_1x+m_1y=b_1$ 又可化为同余方程 $a_1x\equiv b_1(\bmod m_1)$.

所以，从不定方程的意义上看，这两个同余方程有相同的解集.

但是，应注意不定方程的解是一系列的有序整数对，而同余方程的解则是剩余类. 将不定方程的解集写成是模 m 的剩余类与模 m_1 的剩余类是不同的.

所以，同余方程 $a_1x\equiv b_1(\bmod m_1)$ 的解是模 m_1 的 1 个剩余类 $x\equiv x_0(\bmod m_1)$，而同余方程 $ax\equiv b(\bmod m)$ 的解是模 m 的 d 个剩余类 $x\equiv x_0+km_1(\bmod m)(k=0,1,\cdots,d-1)$. 只不过它们对应的整数集合相同，都是不定方程 $ax+my=b$（或 $a_1x+m_1y=b_1$）的解集.

例 4.1.2　已知一座桥长 190 m. 甲从桥的 A 端出发，沿桥的一侧每 18 m 栽一棵树；乙从桥的 B 端出发，沿桥的另一侧每 20 m 栽一棵树. 结果发现桥上恰好有一处位置其两侧各有一棵树. 问这个位置距桥的两端各多远?

解 1　设所求位置距 A 端 $18x(x\in\mathbf{N})$ m，考虑乙最后一棵树距 A 端必为 10 m，故所求位置距 A 端也可以表示成 $20y+10(y\in\mathbf{N})$ m. 所以，有

$$18x=20y+10(x,y\in\mathbf{N})\text{，即 } 9x-10y=5.$$

显然，该方程有整数解. 易见 $5|x$，且 x 为奇数；取 $x=5$，得 $y=4$，从而原方程的通解为

$$\begin{cases}x=5-10t\\ y=4-9t\end{cases}(t\in\mathbf{Z}).$$

依题意，$\begin{cases}1\leqslant x\leqslant 10\\ 1\leqslant y\leqslant 9\end{cases}\Rightarrow t=0$. 所以，原方程有唯一解 $\begin{cases}x=5\\ y=4\end{cases}$.

故所求位置距桥的 A 端 90 m，距 B 端 100 m.

解 2　设所求位置距 A 头 $18x(x\in\mathbf{N})$ 米，距 B 头 $20y(y\in\mathbf{N})$ 米，则有

$18x+20y=190(x,y\in\mathbf{N})$. 即 $9x+10y=95$.

显然，该方程有整数解. 易见，原方程的通解为：

$$\begin{cases}x=5+10t\\ y=5-9t\end{cases} t\in\mathbf{Z}.$$

依题意，$\begin{cases}1\leqslant x\leqslant 10\\ 1\leqslant y\leqslant 9\end{cases}\Rightarrow t=0$. 所以，原方程有唯一解 $\begin{cases}x=5\\ y=5\end{cases}$.

故 $18\times 5=90$（米），$20\times 5=100$（米）.

故所求位置距桥的 A 头 90 米，距 B 头 100 米.

由本例可知，当不定方程的解有所限制时，需要先确定通解中的参变数的范围.

习题 4.1

1. 判断下列方程有无整数解：

（1）$6x+9y=20$；（2）$36x+30y=18$；（3）$7x+9y=6$；（4）$270x+150y=180$.

2. 解下列不定方程：

（1）$3x+5y=106$；（2）$119x+105y=217$；（3）$22x+6y=368$；（4）$37x+107y=25$.

3. 用解不定方程的方法解答习题 3.1 第 3,4 题.

4. 用载重 4 t 的卡车和载重 2.5 t 的小货车运送货物，现有货物 46 t，要求一次运完，且每辆汽车都要装满，那么卡车和货车各需几辆？

课外补充题 4.1

1. 求下列不定方程的正整数解：

（1）$7x+5y=41$;（2）$3x+7y=123$;（3）$14x-5y=11$;（4）$11x-15y=7$.

2. 证明：二元一次不定方程 $ax+by=n$，$a>0$，$b>0$，$(a,b)=1$ 的非负整数解的个数为 $\left[\frac{n}{ab}\right]$ 或 $\left[\frac{n}{ab}\right]+1$.

3. 甲班有学生 7 人，乙班有学生 11 人，现有 100 支铅笔分给这两个班，要使甲班的学生分到相同数量的铅笔，乙班学生也分到相同数量的铅笔，请问如何分？

4. 在一辆匀速行驶的汽车上，驾驶员最初看到里程碑上标示 $\overline{xy}$ km，行驶 1 h 后看到里程碑上标示 $\overline{yx}$ km，又行驶 3 h 后看到里程碑上标示 $\overline{x0y}$ km，求每次看到里程碑上标示的数字和车速.

4.2 三元一次不定方程(组)

4.2.1 三元一次不定方程及其解法

例 4.2.1 试判断下列三元不定方程是否有解；若有解，尝试求出其一组解.

（1）$5x-3y+2z=7$;（2）$15x+3y-6z=8$;（3）$16x-12y+4z=24$.

解 经观察，方程（1）有解，如 $(2,1,0)$，$(1,0,1)$，$(0,-1,2)$，…都是方程（1）的解；方程（2）无解（为什么？）；方程（3）有解，如 $(0,0,6)$，$(0,-2,0)$，$(0,2,12)$，…都是方程（3）的解.

定理 4.2.1 不定方程 $ax+by+cz=d\,(a,b,c,d\in\mathbf{Z},abc\neq 0)$ 有整数解的充要条件是 $(a,b,c)\mid d$.

证明 必要性比较容易证明，请读者自己独立思考后完成证明. 这里只证充分性.

设 $(a,b)=m$，并令 $ax+by=mt\,(t\in\mathbf{Z})$，考虑关于 t, z 的方程 $mt+cz=d$，由于

$(m,c)=(a,b,c)|d$,所以方程 $mt+cz=d$ 有整数解 (t_0,z_0),则 $mt_0+cz_0=d$,又方程 $ax+by=mt_0$ 显然有整数解,设 (x_0,y_0) 为其一整数解,则

$$ax_0+by_0=mt_0,\ ax_0+by_0+cz_0=mt_0+cz_0=d.$$

于是,不定方程 $ax+by+cz=d(a,b,c,d\in\mathbf{Z},abc\neq 0)$ 有整数解.

推论　设 $(a,b,c)=1$,则不定方程 $ax+by+cz=d(a,b,c,d\in\mathbf{Z},abc\neq 0)$ 有整数解.

下面利用定理 4.2.1 及其推论(包括证明过程中所用的方法)来重新解答例 4.2.1 中的方程.

解　(1)由于 $(5,-3,2)=1$,所以方程有整数解.

令 $5x-3y=t(t\in\mathbf{Z})$,视 t 为常数,解此方程,得 $\begin{cases}x=2t-3u\\y=3t-5u\end{cases}(u\in\mathbf{Z})$.

再解方程 $t+2z=7$, 得 $\begin{cases}t=7+2v\\z=-v\end{cases}(v\in\mathbf{Z})$. 代入前面的解,即得原方程的解为

$$\begin{cases}x=14-3u+4v\\y=21-5u+6v\quad(u,v\in\mathbf{Z}).\\z=-v\end{cases}$$

(2)由于(15,3,−6)=3∤8,所以方程无整数解.

(3)原方程可化为 $4x-3y+z=6$,显然有整数解.

令 $z=v,v\in\mathbf{Z}$,然后解不定方程 $4x-3y=6-v$(视 v 为常数),

解此方程,得 $\begin{cases}x=6-v-3u\\y=6-v-4u\end{cases}(u\in\mathbf{Z})$.

故原方程的解为 $\begin{cases}x=6-v-3u\\y=6-v-4u\quad(u,v\in\mathbf{Z}).\\z=v\end{cases}$

在解(1)和(3)时,分别运用了不同方法,读者需要仔细体会.

如果我们要求方程(1)和(3)的正整数解,又该怎么做? 有兴趣的读者可以考虑. 结论是方程(1)有 3 组正整数解(4, 5, 1),(7, 10, 1),(3, 4, 2);方程(3)有 1 组正整数解(2, 1, 1).

多元一次不定方程的解法与此类似.

4.2.2　三元一次不定方程组及其解法

三元一次不定方程组是指由两个含有相同未知数的三元一次不定方程所组成的方程组.

例 4.2.2　解下列三元一次不定方程组:

(1) $\begin{cases}3x-2y+5z=6\\5x-4y+3z=4\end{cases}$;　(2) $\begin{cases}3x-4y-3z=2\\x+7y+9z=34\end{cases}$.

解 （1）消去y，得$x+7z=8$. 其通解为$\begin{cases}x=1+7t\\ z=1-t\end{cases}(t\in\mathbf{Z})$. 代入第一个方程，得$y=1+8t$，

所以原方程的解为$\begin{cases}x=1+7t\\ y=1+8t\\ z=1-t\end{cases}\ (t\in\mathbf{Z})$.

（2）解法 1：消去x，得$5y+6z=20$. 其通解为$\begin{cases}y=4+6t\\ z=-5t\end{cases}(t\in\mathbf{Z})$. 代入第一个方程，得

$x=6+3t$，所以原方程的解为$\begin{cases}x=6+3t\\ y=4+6t\\ z=-5t\end{cases}\ (t\in\mathbf{Z})$.

解法 2：消去z，得$2x-y=8$. 其通解为$\begin{cases}x=4-t\\ y=-2t\end{cases}(t\in\mathbf{Z})$. 代入第一个方程，得

$5t-3z=-10$，解得通解为$\begin{cases}t=-2-3u\\ z=-5u\end{cases}(u\in\mathbf{Z})$.

所以，原方程的解为$\begin{cases}x=6+3u\\ y=4+6u\\ z=-5u\end{cases}\ (u\in\mathbf{Z})$.

可见，不同解法的繁简程度不同. 一般地，如果有某个方程的某个一次项系数为 1，则往往可以优先考虑消去该未知数. 这样，下一步代入就简便一些.

例 4.2.3 （百鸡问题）鸡翁一，值钱五；鸡母一，值钱三；鸡雏三，值钱一. 百钱买百鸡，问翁、母、雏各几何（有几种买法，怎么买）？

解 设鸡翁、鸡母、鸡雏分别有x,y,z只，则$\begin{cases}x+y+z=100\\ 5x+3y+\frac{1}{3}z=100\end{cases}$.

消去z，得$7x+4y=100$，

解得$\begin{cases}x=4t\\ y=25-7t\end{cases}(t\in\mathbf{Z})$. 于是，$z=75+3t$，即$\begin{cases}x=4t\geqslant 0\\ y=25-7t\geqslant 0\\ z=75+3t\geqslant 0\end{cases}\ (t\in\mathbf{Z})$.

解得$0\leqslant t\leqslant\frac{25}{7}$，即$t=0,1,2,3$. 从而，得到 4 组解：

$$\begin{cases}x=0\\ y=25,\\ z=75\end{cases}\quad\begin{cases}x=4\\ y=18,\\ z=78\end{cases}\quad\begin{cases}x=8\\ y=11,\\ z=81\end{cases}\quad\begin{cases}x=12\\ y=4\\ z=84\end{cases}.$$

答：略（四种买法）.

多元一次不定方程组的解法与三元一次不定方程组的解法类似. 不妨以 3.2.1 节中的“今有物”问题（例 3.2.1）为例来说明.

设“其数”为x，则有$\begin{cases}x-3y=2, ①\\ x-5z=3, ②\\ x-7w=2, ③\end{cases}\ (y,z,w\in\mathbf{N}_+)$.

由式①和式②，得 $3y-5z=1$，解得 $\begin{cases} y=2-5s \\ z=1-3s \end{cases}(s\in\mathbf{Z})$. 从而 $x=8-15s$. 代入式③，得 $15s+7w=6$ ，解得 $\begin{cases} s=-1+7t \\ w=3-15t \end{cases}(t\in\mathbf{Z})$. 代入方程组 $\begin{cases} y=2-5s \\ z=1-3s \end{cases}$ 及 $x=8-15s$ ，得

$$\begin{cases} x=23-105t \\ y=7-35t \\ z=4-21t \\ w=3-15t \end{cases}\quad(t\in\mathbf{Z}).$$

故“其数”为 $23-105t(t\in\mathbf{Z})$.

习题 4.2

1. 解下列不定方程（组）：

（1）$3x-2y+7z=11$；（2）$25x+30y-15z=24$；（3）$12x-18y+30z=24$；

（4）$3x+6y+12z=15$；（5）$\begin{cases} 3x+y-5z=14 \\ 7x-2y+3z=18 \end{cases}$；（6）$\begin{cases} x-3y+4z=6 \\ 7x+11y-2z=34 \end{cases}$.

2. 设 k 为三位数，则 k 取哪些值时，方程 $18x-12y+30z=\dfrac{k}{35}$ 有整数解？

3. 将 $\dfrac{41}{30}$ 写成三个正分数之和，使它们的分母分别是 2，3 和 5.

4. 把一根长 30 m 的钢料截成规格分别为 2 m，3 m 和 8 m 的短料，每种规格的料至少一根，问应当怎样截取才使原料恰好用完？

课外补充题 4.2

1. 求下列不定方程（组）的正整数解：

（1）$8x+9y+11z=61$；（2）$x+2y+11z=20$；

（3）$\begin{cases} x+y+z=31 \\ 3x+2y+z=41 \end{cases}$；（4）$\begin{cases} x+y+2z=100 \\ 15x+5y+3z=270 \end{cases}$.

2. 将 $\dfrac{181}{180}$ 写成分母两两互质的三个既约真分数之和.

3. 甲物每斤 4 元，乙物每斤 2 元，丙物每两斤 1 元，现在用 100 元买这三样东西共 100 斤，问各买几斤？

4. 买 2 元 6 角钱的东西，需用 1 元、5 角、2 角、1 角四种钱币去支付，若每种钱币都要用，共有多少种付法？

4.3　特殊的非线性不定方程

相比于线性不定方程（组），非线性不定方程（组）要复杂得多. 对一般的非线性不定方程，没有统一的判定或求解方法. 因此，只能基于一些比较简单的、特殊类型的不定方程，介

绍一些常用的方法.

4.3.1 商高不定方程与勾股数组

定义 4.3.1 不定方程 $x^2+y^2=z^2(x,y,z\in\mathbf{Z})$ 称为商高不定方程(西方一般称作毕达哥拉斯方程).

显然,只需要研究商高方程的正整数解(想一想,为什么?).

定义 4.3.2 若 x,y,z 是商高方程的正整数解,则称 x,y,z 是勾股数组.

仔细观察商高方程,一定会发现:

(1)若勾股数组 x,y,z 中某两数互质,则三者中任两数互质;

(2)若 x,y,z 是勾股数组,且 $(x,y)=1$,则 x,y 必定一奇一偶,且 z 必为奇数;

(3)若 x,y,z 是勾股数组,则对任意 $m\in\mathbf{N}_+$,mx,my,mz 必是勾股数组.

这三条性质的证明都比较容易,请读者自己独立完成.

例 4.3.1 设 $x,y,z\in\mathbf{N}_+,(x,y)=1,2|x$,试求解不定方程 $x^2+y^2=z^2$.

解 由 $2|x$,知 y,z 均为奇数,

所以,$\left(\frac{x}{2}\right)^2=\left(\frac{z}{2}\right)^2-\left(\frac{y}{2}\right)^2=\frac{z+y}{2}\cdot\frac{z-y}{2}$ 为平方数.

设 $\left(\frac{z+y}{2},\frac{z-y}{2}\right)=d,\frac{z+y}{2}=dm,\frac{z-y}{2}=dn,(m,n)=1$.

则 $z=d(m+n),y=d(m-n)\Rightarrow x^2=4mnd^2\Rightarrow d^2\left|x^2\Rightarrow d\right|x$.

由于 $(x,y)=1$,所以 $d=1\Rightarrow\left(\frac{z+y}{2},\frac{z-y}{2}\right)=1$.

所以 $\frac{z+y}{2},\frac{z-y}{2}$ 均为平方数,令

$$\frac{z+y}{2}=a^2,\frac{z-y}{2}=b^2\ \{a,b\in\mathbf{N}_+,(a,b)=1,a>b\ ,2\nmid(a+b)\}\ .$$

则 $z=a^2+b^2,y=a^2-b^2\Rightarrow x=2ab$.

所以,**原方程的通解为**

$$\begin{cases}x=2ab\\ y=a^2-b^2\\ z=a^2+b^2\end{cases}\ \{(a,b\in\mathbf{N}_+),(a,b)=1,a>b\ ,2\nmid(a+b)\}\ .$$

本题结论相当于**两两互质的勾股数组的一般形式**,可以当作公式使用.需要强调的是,上述证明过程中,为什么有“$(a,b)=1,2\nmid(a+b)$”?

这是因为,一方面 $\left(\frac{z+y}{2},\frac{z-y}{2}\right)=1\Rightarrow(a^2,b^2)=1\Rightarrow(a,b)=1$;另一方面,$z=a^2+b^2$,$y=a^2-b^2$ 均为奇数,所以 $2\nmid(a+b)$.

显然,有更一般的结论,即**不定方程** $x^2+y^2=z^2\left(x,y,z\in\mathbf{N}_+,2|x\right)$ **的通解为**

$$\begin{cases} x = 2tab \\ y = t\left(a^2 - b^2\right) \\ z = t\left(a^2 + b^2\right) \end{cases} \left\{a,b \in \mathbf{N}_+, (a,b)=1, a>b, 2 \nmid (a+b)\right\}.$$

例 4.3.2　若 x,y,z 是一组勾股数，且 $(x,y)=1$，求证：

（1）x,y 中必有 3 的倍数，也必有 4 的倍数；

（2）x,y,z 中必有 5 的倍数；

（3）$60|xyz$.

证明　依题意，可设 $\begin{cases} x = 2ab \\ y = a^2 - b^2 \\ z = a^2 + b^2 \end{cases} \left\{a,b \in \mathbf{N}_+, (a,b)=1, a>b, 2 \nmid (a+b)\right\}$.

（1）由于 a,b 一奇一偶，所以 $4|2ab = x$.

假设 $3 \nmid x, 3 \nmid y$，则 $x^2 \equiv 1 \pmod 3$，$y^2 \equiv 1 \pmod 3 \Rightarrow x^2 + y^2 \equiv 2 \pmod 3$.

而另一方面，$z^2 \equiv 1$ 或 $0 \pmod 3$，从而 $x^2 + y^2 \neq z^2$. 矛盾.

所以，$3|x$ 或 $3|y$.

（2）若 $5|a$ 或 $5|b$，则 $5|x$；

若 $5 \nmid a, 5 \nmid b$，则由欧拉定理，有 $5|\left(a^4 - 1\right)$，$5|\left(b^4 - 1\right)$.

于是，$5\left|\left[\left(a^4 - 1\right) - \left(b^4 - 1\right)\right] \Rightarrow 5\right|\left(a^4 - b^4\right) \Rightarrow 5\left|\left(a^2 + b^2\right)\left(a^2 - b^2\right) \Rightarrow 5\right|yz$.

所以，$5|y$ 或 $5|z$.

故 x,y,z 中必有 5 的倍数.

（3）由（1）（2）知，$3|xyz$，$4|xyz$，$5|xyz$，所以 $3 \times 4 \times 5|xyz \Rightarrow 60|xyz$.

例 4.3.3　求方程 $x^2 + y^2 = 65^2$ 的全部整数解.

解　先求正整数解.

设 $\begin{cases} x = 2tab \\ y - t\left(a^2 - b^2\right) \end{cases}$ $[a,b \in \mathbf{N}_+, (a,b)=1, a>b,\ 2 \nmid (a+b)]$ 为方程 $x^2 + y^2 = 65^2$ 的正整数解，则 $t\left(a^2 + b^2\right) = 65$. 所以 $t = 1,5,13$.

当 $t=1$ 时，$a^2 + b^2 = 65$，解得 $\begin{cases} a=8 \\ b=1 \end{cases}$ 或 $\begin{cases} a=7 \\ b=4 \end{cases}$；此时，解为 $(16,63)$，$(56,33)$.

当 $t=5$ 时，$a^2 + b^2 = 13$，解得 $\begin{cases} a=3 \\ b=2 \end{cases}$；此时，解为 $(60,25)$.

当 $t=13$ 时，$a^2 + b^2 = 5$，解得 $\begin{cases} a=2 \\ b=1 \end{cases}$；此时，解为 $(52,39)$.

故非零整数解共有 $4 \times 8=32$ 组：

$(\pm 16, \pm 63)$，$(\pm 63, \pm 16)$，$(\pm 56, \pm 33)$，$(\pm 33, \pm 56)$，

$(\pm 60, \pm 25)$,$(\pm 25, \pm 60)$,$(\pm 52, \pm 39)$,$(\pm 39, \pm 52)$.

考虑 $xy=0$ 的情形,又有 4 组解:$(0, \pm 65)$,$(\pm 65, 0)$.

所以共有 36 组解.

本题结论有明显的几何意义:以原点为圆心,65 为半径的圆上有 36 个整点.

商高不定方程的彻底解决激励人们进一步探究 $n \geqslant 3$ 时,方程 $x^n + y^n = z^n$ 的正整数解的情况. 1637 年,费马在阅读古希腊数学家丢番图(Diophatus)《算术》的法文译本时,曾在第 11 卷第 8 命题旁写道:"将一个立方数分成两个不同的立方数之和,或将一个四次方幂分成两个不同的四次方幂之和,或者将一个高于二次的方幂分成两个不同数的同次方幂数之和,这是不可能的. 关于此,我确信已发现了一种美妙的证法 ,可惜这里空白的地方太小,写不下."这就是著名的"费马猜想"或"费马大定理". 用现代数学语言可以表述为:

不定方程 $x^n + y^n = z^n\left(x, y, z \in \mathbf{N}_+, n \geqslant 3\right)$ 无正整数解.

毕竟费马没有写下证明,而他的其他猜想对数学贡献良多. 因此,他的这一猜想激发了数学家们的极大兴趣. 在该猜想提出后的 300 多年里,包括莱布尼茨、欧拉、高斯在内的无数数学家为此花费了大量心血,但一直没有找到费马所说的"美妙的证法". 直到 1994 年,才在众多数学家的努力下,运用了诸多数学领域的最新成果,由英国数学家怀尔斯完成了最后的证明. 费马大定理终于画上了完美的句号. 有兴趣的读者可以自行查阅相关内容或阅读本书的参考文献. 但这个证明是纯现代的! 绝不是费马当初所说的"美妙的证法". 数学家们比较一致的看法是,费马所言的"美妙的证法"是不存在的,或者说,是他想错了.

4.3.2 其他简单非线性不定方程及其解法

例 4.3.4 解下列不定方程:

(1) $2x+3y=xy+1\left(x, y \in \mathbf{Z}\right)$;　　(2) $x^2-2xy-3=0\left(x, y \in \mathbf{Z}\right)$;

(3) $4x^2-2xy-12x+5y+11=0\left(x, y \in \mathbf{Z}\right)$;　　(4) $x^2+y^2=82\left(x, y \in \mathbf{N}_+\right)$;

(5) $\left(x-y\right)^2+2y^2=27\left(x, y \in \mathbf{N}\right)$;　　(6) $x+y=x^2-xy+y^2\left(x, y \in \mathbf{Z}\right)$.

解 (1)将原方程化为 $(x-3)(y-2)=5$. 于是,有以下 4 种情况:

$$\begin{cases} x-3=1 \\ y-2=5 \end{cases};\begin{cases} x-3=-1 \\ y-2=-5 \end{cases};\begin{cases} x-3=5 \\ y-2=1 \end{cases};\begin{cases} x-3=-5 \\ y-2=-1 \end{cases}.$$

所以,共得 4 组解:$(4,7)$,$(2,-3)$,$(8,3)$,$(-2,1)$.

(2)将原方程化为 $x(x-2y)=3$. 仿(1),可得 4 组解:$(1,-1)$,$(3,1)$,$(-1,1)$,$(-3,-1)$.

(3)将原方程化为 $(2x-y-1)(2x-5)=-6$. 注意到 $2x-5$ 为奇数,则有以下 4 种情形:

$$\begin{cases} 2x-5=1 \\ 2x-y-1=-6 \end{cases};\begin{cases} 2x-5=-1 \\ 2x-y-1=6 \end{cases};\begin{cases} 2x-5=3 \\ 2x-y-1=-2 \end{cases};\begin{cases} 2x-5=-3 \\ 2x-y-1=2 \end{cases}.$$

所以,共得 4 组解:$(3,11)$,$(2,-3)$,$(4,9)$,$(1,-1)$.

(4)显然,x, y 均为奇数,令 $\dfrac{x+y}{2}=u, \dfrac{x-y}{2}=v$,则 $x=u+v, y=u-v\left(u \in \mathbf{N}_+, v \in \mathbf{Z}, u>v\right)$.

代入原方程,得 $u^2+v^2=41$. 易得 $\begin{cases} u=5 \\ v=\pm 4 \end{cases}$.

从而,原方程的解为 $(9,1),(1,9)$.

（5）显然,$y \leqslant 3$. 当 $y=2$ 时,$(x-y)^2=19$, 不可能.

所以,有 $\begin{cases} y=1 \\ x-y=\pm 5 \end{cases}$ 或 $\begin{cases} y=3 \\ x-y=\pm 3 \end{cases}$.

注意到 $x \in \mathbf{N}$, 则原方程有 3 组非负整数解:$(6,1),(6,3),(0,3)$.

（6）将原方程化为 $\frac{1}{4}(2x-y-1)^2+\frac{3}{4}(y-1)^2=1$, 即 $(2x-y-1)^2+3(y-1)^2=4$.

于是,有 $\begin{cases} 2x-y-1=\pm 1 \\ y-1=\pm 1 \end{cases}$ 或 $\begin{cases} 2x-y-1=\pm 2 \\ y-1=0 \end{cases}$,则原方程共有 6 组解:

$(2,2);(1,0);(1,2);(0,0);(2,1);(0,1)$.

可以看到,当系数不太大且项数比较少时,往往可通过观察,分几种情况简单处理. 当项数较多时,一般采用因式分解法比较有效（只要 3 个二次项能分解即可）;不能分解因式的一般考虑配方. 总之,要根据问题,灵活处理.

例 4.3.5　求不定方程 $x^y+1=z$ 的质数解.

解　由于 x,y,z 都是质数,所以 x 不能为奇数,从而 $x=2$. 所以 $z \geqslant 3$.

当 y 为奇质数时,有 $(2+1) \mid (2^y+1)$ 且 $2^y+1>3$. 从而,z 不是质数. 所以 $y=2$.

此时,$z=5$ 是质数. 所以,原方程只有一组质数解 $(2,2,5)$.

可见,关键在于综合分析,合理判断.

习题 4.3

1. 求证:（1）一组勾股数中,必有一个是 3 的倍数,也必有一个是 4 的倍数;

（2）勾股三角形（三边的长度恰好构成一组勾股数的直角三角形）的两直角边之积必能被 12 整除;

（3）一组勾股数之积必能被 60 整除.

2. 求方程 $x^2+y^2=z^2\ (x<y<z<60)$ 的所有互质的正整数解.

3. 勾股三角形中:

（1）一直角边长为 105,求另两边长,使三边长互质;

（2）一边长为 20,求另两边长;

（3）当斜边与直角边相差 1 时,求证这三边长可以分别表示为 $2b+1, 2b(b+1), 2b(b+1)+1$.

课外补充题 4.3

1. 求下列不定方程的正整数解:

（1）$x^2+y^2=y^2+x-18$;　　（2）$4x^2-4xy-3y^2=77$;

（3）$3x^2+7xy-2x-5y-35=0$;　　（4）$2x^2+y^2-2xy-4x-30=0$.

2. 求使 x^2-60 为平方数的正整数 x.

3. 求不定方程 $x(x+y)=z+120$ 的质数解.

第 5 章 简单连分数

5.1 有限连分数与有理数

定义 5.1.1 设 $a_0,a_1,a_2,\cdots,a_n,\cdots$ 是一个无穷实数列，$a_i\geqslant 0,i\in\mathbf{N}_+$，对于给定的自然数 n，称表达式

$$a_0+\cfrac{1}{a_1+\cfrac{1}{a_2+\cfrac{1}{\ddots+\cfrac{1}{a_n}}}} \qquad ①$$

为 n 阶有限连分数. 当 $a_0\in\mathbf{Z},a_1,a_2,\cdots,a_n,\cdots\in\mathbf{N}_+$ 时，称为 n 阶有限简单连分数.

为书写简便，常常将式①记为

$$[a_0,a_1,a_2,\cdots,a_n]. \qquad ②$$

当 $n\to\infty$ 时，相应于式①和式②的表达式分别记为

$$a_0+\cfrac{1}{a_1+\cfrac{1}{a_2+\cfrac{1}{\ddots+\cfrac{1}{a_n+\ddots}}}}$$

与

$$[a_0,a_1,a_2,\cdots,a_n,\cdots].$$

并称为无限连分数. 当 $a_0\in\mathbf{Z},\ a_1,a_2,\cdots,a_n,\cdots\in\mathbf{N}_+$ 时，称为无限简单连分数.

易见，

$$[a_0,a_1]=a_0+\frac{1}{a_1},$$

$$[a_0,a_1,a_2]=a_0+\cfrac{1}{a_1+\cfrac{1}{a_2}}=\left[a_0,a_1+\frac{1}{a_2}\right]=[a_0,[a_1,a_2]],$$

$$[a_0,a_1,a_2,a_3]=a_0+\cfrac{1}{a_1+\cfrac{1}{a_2+\cfrac{1}{a_3}}}=[a_0,[a_1,a_2,a_3]]=[a_0,a_1,[a_2,a_3]]=\left[a_0,a_1,a_2+\frac{1}{a_3}\right],$$

$$[a_0,a_1,a_2,\cdots,a_{n-1},a_n,a_{n+1},\cdots,a_{n+r}]=a_0+\cfrac{1}{a_1+\cfrac{1}{\ddots\, a_n+\cfrac{1}{\ddots+\cfrac{1}{a_{n+r-1}+\cfrac{1}{a_{n+r}}}}}}$$

$$=[a_0,a_1,a_2,\cdots,a_{n-1},[a_n,a_{n+1},\cdots,a_{n+r}]]$$

$$=\left[a_0,a_1,a_2,\cdots,a_{n-1},a_n+\frac{1}{[a_{n+1},\cdots,a_{n+r}]}\right].$$

特别地，$[a_0,a_1,a_2,\cdots,a_{n-1},a_n,\ a_{n+1}]=\left[a_0,a_1,a_2,\cdots,a_{n-1},a_n+\frac{1}{a_{n+1}}\right].$

例如，$[2,3,5,4,2]=[2,3,5,[4,2]]=[2,3,[5,4,2]]=[2,[3,5,4,2]].$

具体计算时可以按如下方式：

$$[2,3,5,4,2]=\left[2,3,5,4+\frac{1}{2}\right]=\left[2,3,5,\frac{9}{2}\right]$$

$$=\left[2,3,5+\frac{2}{9}\right]=\left[2,3,\frac{47}{9}\right]$$

$$=\left[2,3+\frac{9}{47}\right]=\left[2,\frac{150}{47}\right]$$

$$=\left[2+\frac{47}{150}\right]=\frac{347}{150}.$$

易见，$[a_0,a_1,a_2,\cdots,a_n](n\geqslant 0)$是一个分数$\frac{p_n}{q_n}$，分子与分母都是由整数$a_0,a_1,a_2,\cdots,a_n$经有限次加法和乘法运算得到的整数.

定理 5.1.1　有限连分数必为有理数，任意一个有理数必定可以表示成有限连分数.

证明　只证后一结论.

对任意有理数$\frac{p}{q}$ $[p\in\mathbf{Z},q\in\mathbf{N}_+,(p,q)=1]$，由辗转相除法，有

$$\frac{p}{q}=a_0+\frac{r_0}{q}(0<r_0<q),$$

$$\frac{q}{r_0}=a_1+\frac{r_1}{r_0}(0<r_1<r_0),$$

$$\frac{r_0}{r_1}=a_2+\frac{r_2}{r_1}(0<r_2<r_1),$$

$$\cdots$$

$$\frac{r_{n-3}}{r_{n-2}}=a_{n-1}+\frac{r_{n-1}}{r_{n-2}}(0<r_0<q),$$

$$\frac{r_{n-2}}{r_{n-1}}=a_n,r_n=0.$$

则

$$\frac{p}{q}=a_0+\cfrac{1}{a_1+\cfrac{1}{a_2+\ddots+\cfrac{1}{a_n}}}=[a_0,a_1,a_2,\cdots,a_n].$$

例 5.1.1 化下列有理数为连分数形式：

（1）$\frac{70}{29}$；（2）$-\frac{11}{30}$；（3）$0.1\dot{7}\dot{2}$．

解 （1）

$$\frac{70}{29}=2+\frac{12}{29}=2+\cfrac{1}{\cfrac{29}{12}}=2+\cfrac{1}{2+\cfrac{5}{12}}=2+\cfrac{1}{2+\cfrac{1}{\cfrac{12}{5}}}$$

$$=2+\cfrac{1}{2+\cfrac{1}{2+\cfrac{2}{5}}}=2+\cfrac{1}{2+\cfrac{1}{2+\cfrac{1}{\cfrac{5}{2}}}}=2+\cfrac{1}{2+\cfrac{1}{2+\cfrac{1}{2+\cfrac{1}{2}}}}=[2,2,2,2,2];$$

（2）

$$-\frac{11}{30}=-1+\frac{19}{30}=-1+\cfrac{1}{\cfrac{30}{19}}=\left[-1,1+\frac{11}{19}\right]=\left[-1,1,1+\frac{8}{11}\right]$$

$$=\left[-1,1,1,1+\frac{3}{8}\right]=\left[-1,1,1,1,2+\frac{2}{3}\right]=\left[-1,1,1,1,2,1+\frac{1}{2}\right]$$

$$=[-1,1,1,1,2,1,2];$$

（3）

$$0.1\dot{7}\dot{2}=\frac{172-1}{990}=\frac{19}{110}=0+\cfrac{1}{\cfrac{110}{19}}$$

$$=\left[0,5+\frac{15}{19}\right]=\left[0,5,1+\frac{4}{15}\right]=\left[0,5,1,3+\frac{3}{4}\right]=\left[0,5,1,3,1+\frac{1}{3}\right]$$

$$=[0,5,1,3,1,3].$$

显然，题（1）也可以用题（2）（3）的写法．读者不妨自己练习．也可以先用辗转相除法，列出各算式，再对照算式直接写出结果．如题（2）可以按照下面方式来做．

以分子做被除数，分母做除数，做辗转相除．

−11	−1	30
−30	1	19
19	1	11
11	1	8
8	2	3
6	1	2
2	2	1
2		
0		

所以，$-\dfrac{11}{30}=[-1,1,1,1,2,1,2]$. 不妨尝试用此法，解决另两题.

由于 $[a_0,a_1,a_2,\cdots,a_{n-1},1]=[a_0,a_1,a_2,\cdots,a_{n-1}+1]$，所以规定：有限连分数的最后一个整数 $a_n\neq 1$. 在此规定下，有理数的连分数表达式唯一（限于篇幅，此处不做证明，有兴趣的读者可以自行查阅相关资料）！这样，有理数集合便与连分数集合建立了一一对应关系.

习题 5.1

1. 将下列有限连分数化成最简分数：

（1）$[3,1,1,2,3,2]$；（2）$[2,2,2,1,5]$；（3）$[0,2,2,1,1,2]$；

（4）$[6,5,4,3,3]$；（5）$[1,2,3,1,2,3]$；（6）$[2,1,2,1,2,1,2]$.

2. 化下列有理数为连分数形式：

（1）$-\dfrac{7}{11}$；（2）$-\dfrac{909}{100}$；（3）$\dfrac{5}{3}$；

（4）3.14159；（5）-0.142857；（6）$0.8\dot{3}\dot{1}$.

课外补充题 5.1

1. 将 $\sqrt{8}$ 和 $\sqrt{13}$ 写成连分数的形式.

5.2　连分数的渐近分数

定义 5.2.1　对连分数 $[a_0,a_1,a_2,\cdots,a_n,\cdots]$，记

$$\frac{p_0}{q_0}=\frac{a_0}{1}=[a_0],\frac{p_1}{q_1}=[a_0,a_1],\cdots,\frac{p_n}{q_n}=[a_0,a_1,\cdots,a_n],$$

则称 $\dfrac{p_n}{q_n}$ 为连分数 $[a_0,a_1,a_2,\cdots,a_n,\cdots]$ 的第 $n+1$ 个渐近分数.

例 5.2.1　求下列连分数的渐近分数：

（1）$[2,3,5,4,2]$；（2）$[2,2,2,2,2]$；（3）$[-1,1,1,1,2,1,2]$；（4）$[0,5,1,3,1,3]$.

解　（1）$\dfrac{p_0}{q_0}=[2]=\dfrac{2}{1}$，$\dfrac{p_1}{q_1}=[2,3]=\dfrac{7}{3}$，$\dfrac{p_2}{q_2}=[2,3,5]=\dfrac{37}{16}$，

$$\frac{p_3}{q_3}=[2,3,5,4]=\frac{155}{67},\ \frac{p_4}{q_4}=[2,3,5,4,2]=\frac{347}{150};$$

(2) $$\frac{p_0}{q_0}=[2]=\frac{2}{1},\ \frac{p_1}{q_1}=[2,2]=\frac{5}{2},\ \frac{p_2}{q_2}=[2,2,2]=\frac{12}{5},$$

$$\frac{p_3}{q_3}=[2,2,2,2]=\frac{29}{12},\ \frac{p_4}{q_4}=[2,2,2,2,2]=\frac{70}{29};$$

(3) $$\frac{p_0}{q_0}=[-1]=\frac{-1}{1},\ \frac{p_1}{q_1}=[-1,1]=\frac{0}{1},\ \frac{p_2}{q_2}=[-1,1,1]=\frac{-1}{2},$$

$$\frac{p_3}{q_3}=[-1,1,1,1]=\frac{-1}{3},\ \frac{p_4}{q_4}=[-1,1,1,1,2]=\frac{-3}{8},$$

$$\frac{p_5}{q_5}=[-1,1,1,1,2,1]=\frac{-4}{11},\ \frac{p_6}{q_6}=[-1,1,1,1,2,1,2]=\frac{-11}{30};$$

(4) $$\frac{p_0}{q_0}=[0]=\frac{0}{1},\ \frac{p_1}{q_1}=[0,5]=\frac{1}{5},\ \frac{p_2}{q_2}=[0,5,1]=\frac{1}{6},$$

$$\frac{p_3}{q_3}=[0,5,1,3]=\frac{4}{23},\ \frac{p_4}{q_4}=[0,5,1,3,1]=\frac{5}{29},$$

$$\frac{p_5}{q_5}=[0,5,1,3,1,3]=\frac{19}{110}.$$

本例中的各个连分数都是前面例题中出现过的. 读者可以前后对照.

仔细观察每个连分数的各个渐近分数分子、分母的变化规律，一定会发现如下规律.

定理 5.2.1 若连分数 $[a_0,a_1,a_2,\cdots,a_n,\cdots]$ 的前 $n+1$ 个渐近分数分别是

$$\frac{p_0}{q_0},\frac{p_1}{q_1},\cdots,\frac{p_n}{q_n},$$

则有如下递推关系：

$$p_0=a_0,\ p_1=a_1a_0+1,\ p_n=a_np_{n-1}+p_{n-2}\,(n\geqslant 2),$$

$$q_0=1,\ q_1=a_1,\ q_n=a_nq_{n-1}+q_{n-2}\,(n\geqslant 2).$$

证明 当 $n=2$ 时，

$$\frac{p_2}{q_2}=[a_0,a_1,\ a_2]=a_0+\cfrac{1}{a_1+\cfrac{1}{a_2}}=a_0+\frac{a_2}{a_1a_2+1}$$

$$=\frac{a_0a_1a_2+a_0+a_2}{a_1a_2+1}=\frac{a_2(a_0a_1+1)+a_0}{a_1a_2+1}=\frac{a_2p_1+p_0}{a_2q_1+q_0}.$$

结论成立.

假设，当 $n=k$ 时，结论成立，即 $\dfrac{p_k}{q_k}=\dfrac{a_2p_{k-1}+p_{k-2}}{a_2q_{k-1}+q_{k-2}}$，则

$$\frac{p_{k+1}}{q_{k+1}}=[a_0,a_1,\cdots,a_k,a_{k+1}]=\left[a_0,a_1,\cdots,a_k+\frac{1}{a_{k+1}}\right]$$

$$=\frac{\left(a_k+\dfrac{1}{a_{k+1}}\right)p_{k-1}+p_{k-2}}{\left(a_k+\dfrac{1}{a_{k+1}}\right)q_{k-1}+q_{k-2}}=\frac{a_k a_{k+1}p_{k-1}+p_{k-1}+a_{k+1}p_{k-2}}{a_k a_{k+1}q_{k-1}+q_{k-1}+a_{k+1}q_{k-2}}$$

$$=\frac{a_{k+1}\left(a_k p_{k-1}+p_{k-2}\right)+p_{k-1}}{a_{k+1}\left(a_k q_{k-1}+q_{k-2}\right)+q_{k-1}}=\frac{a_{k+1}p_k+p_{k-1}}{a_{k+1}q_k+q_{k-1}}.$$

即当 $n=k+1$ 时，结论也成立.

故当 $n\geqslant 2$ 时，结论恒成立.

该定理的结论与之前介绍并多次使用过的“欧拉算法”在形式上高度一致，事实上其实质也完全相同. 所以，也可以使用同样的列表方式计算. 例如，对连分数 $[0,5,1,3,1,3]$，可列表 5-2-1.

表 5-2-1 连分数渐近分数计算表

n	0	1	2	3	4	5
a_n	0	5	1	3	1	3
p_n	0	1	1	4	5	19
q_n	1	5	6	23	29	110

进一步观察表 5-2-1，并尝试计算，可得：

$p_0q_1-p_1q_0=0\times 5-1\times 1=-1$；　　$p_1q_2-p_2q_1=1\times 6-1\times 5=1$；

$p_2q_3-p_3q_2=1\times 23-4\times 6=-1$；　　$p_3q_4-p_4q_3=4\times 29-5\times 23=1$；

$p_4q_5-p_5q_4=5\times 110-19\times 29=-1$.

一般地，是否有 $p_nq_{n-1}-p_{n-1}q_n=(-1)^{n-1}\ (n\geqslant 1)$ 或 $\dfrac{p_n}{q_n}-\dfrac{p_{n-1}}{q_{n-1}}=\dfrac{(-1)^{n-1}}{q_nq_{n-1}}\ (n\geqslant 1)$？

定理 5.2.2 （1）两相邻的渐近分数之差为 $\dfrac{p_n}{q_n}-\dfrac{p_{n-1}}{q_{n-1}}=\dfrac{(-1)^{n-1}}{q_nq_{n-1}}\ (n\geqslant 1)$；

（2）两间隔相邻的渐近分数之差为 $\dfrac{p_n}{q_n}-\dfrac{p_{n-2}}{q_{n-2}}=\dfrac{(-1)^{n}a_n}{q_nq_{n-2}}\ (n\geqslant 2)$.

证明 （1）当 $n=1$ 时，$\dfrac{p_1}{q_1}-\dfrac{p_0}{q_0}=\dfrac{p_1q_0-p_0q_1}{q_1q_0}=\dfrac{(a_0a_1+1)\times 1-a_0a_1}{q_1q_0}=\dfrac{(-1)^{1-1}}{q_1q_0}$，

结论正确.

假设当 $n=k$ 时结论正确，即 $\dfrac{p_k}{q_k}-\dfrac{p_{k-1}}{q_{k-1}}=\dfrac{(-1)^{k-1}}{q_kq_{k-1}}\ (k\geqslant 1)$，亦即 $p_kq_{k-1}-p_{k-1}q_k=(-1)^{k-1}$.

则当 $n=k+1$ 时，

$$\frac{p_{k+1}}{q_{k+1}}-\frac{p_k}{q_k}=\frac{p_{k+1}q_k-p_kq_{k+1}}{q_kq_{k+1}}=\frac{\left(a_{k+1}p_k+p_{k-1}\right)q_k-p_k\left(a_{k+1}q_k+q_{k-1}\right)}{q_kq_{k+1}}$$

$$=\frac{p_{k-1}q_k-p_kq_{k-1}}{q_kq_{k+1}}=\frac{(-1)^k}{q_kq_{k+1}}.$$

所以,对一切 $n\geqslant 1$, 结论都成立.

(2)由(1)知,

$$\frac{p_n}{q_n}-\frac{p_{n-1}}{q_{n-1}}=\frac{(-1)^{n-1}}{q_nq_{n-1}}(n\geqslant 1),\ \frac{p_{n-1}}{q_{n-1}}-\frac{p_{n-2}}{q_{n-2}}=\frac{(-1)^{n-2}}{q_{n-1}q_{n-2}}(n\geqslant 2).$$

两式相加,得:

$$\begin{aligned}\frac{p_n}{q_n}-\frac{p_{n-2}}{q_{n-2}}&=\frac{(-1)^{n-1}}{q_nq_{n-1}}+\frac{(-1)^{n-2}}{q_{n-1}q_{n-2}}\\&=\frac{(-1)^{n-1}q_{n-2}+(-1)^nq_n}{q_nq_{n-1}q_{n-2}}\\&=\frac{(-1)^n(-q_{n-2}+a_nq_{n-1}+q_{n-2})}{q_nq_{n-1}q_{n-2}}\\&=\frac{(-1)^na_n}{q_nq_{n-2}}.\end{aligned}$$

证毕.

进一步观察、探究,可以得到如下定理.

定理 5.2.3 (1)当 $n>1$ 时, $q_n\geqslant n$;

(2) $\frac{p_{2n+1}}{q_{2n+1}}<\frac{p_{2n-1}}{q_{2n-1}},\frac{p_{2n}}{q_{2n}}<\frac{p_{2n+2}}{q_{2n+2}},\frac{p_{2n}}{q_{2n}}<\frac{p_{2n-1}}{q_{2n-1}}$;

(3)连分数的渐近分数都是既约分数.

证明 (1) $q_2=a_2q_1+q_0>1\times 1+1=2$,

假设当 $2\leqslant n\leqslant k$ 时,都有 $q_n\geqslant n$, 则

$$q_{n+1}=a_nq_n+q_{n-1}\geqslant 1\times n+n-1=n+(n-1)\geqslant n+1.$$

所以,对一切 $n>1$,恒有 $q_n\geqslant n$.

(2)由定理 5.2.2,有

$$\frac{p_{2n+1}}{q_{2n+1}}-\frac{p_{2n-1}}{q_{2n-1}}=\frac{(-1)^{2n+1}a_{2n+1}}{q_{2n+1}q_{2n-1}}<0,$$

$$\frac{p_{2n+2}}{q_{2n+2}}-\frac{p_{2n}}{q_{2n}}=\frac{(-1)^{2n}a_{2n}}{q_{2n}q_{2n+2}}>0,$$

$$\frac{p_{2n}}{q_{2n}}-\frac{p_{2n-1}}{q_{2n-1}}=\frac{(-1)^{2n-1}}{q_{2n}q_{2n-1}}<0.$$

故 $\frac{p_{2n+1}}{q_{2n+1}}<\frac{p_{2n-1}}{q_{2n-1}},\frac{p_{2n}}{q_{2n}}<\frac{p_{2n+2}}{q_{2n+2}},\frac{p_{2n}}{q_{2n}}<\frac{p_{2n-1}}{q_{2n-1}}$.

(3)设 $(p_n,q_n)=d$, 由于 $p_nq_{n-1}-p_{n-1}q_n=(-1)^{n-1}$, 所以 $d\mid(-1)^{n-1},d=1$, 即 $\frac{p_n}{q_n}$ 是既约分数.

定理 5.2.3 表明渐近分数列的奇子列 $\left\{\dfrac{p_{2n+1}}{q_{2n+1}}\right\}$ 递减,而偶子列 $\left\{\dfrac{p_{2n}}{q_{2n}}\right\}$ 递增,且前者的每一项大于后者的每一项.

习题 5.2

1. 计算下列各连分数的值及其渐近分数:

(1)[0,1,2,3,4];　(2)[3,2,3,4,5];　(3)[2,1,1,4,2];

(4)[0,1,1,1,1,1,2];　(5)[2,3,5,2,3,5,2];　(6)[2,1,2,1,1,4].

2. 求下列各数的渐近分数:

(1) $1.\dot{2}1\dot{3}$;(2)−4.22;(3) $\dfrac{205}{93}$.

课外补充题 5.2

1. 求 $2+\sqrt{3}$ 的误差 $\leqslant 10^{-5}$ 的有理逼近.

2. 求 $\sin 18^\circ$ 的误差 $\leqslant 10^{-5}$ 的有理逼近.

5.3　无限连分数与无理数

定理 5.3.1　无限连分数 $[a_0,a_1,a_2,\cdots,a_n,\cdots]$ 的渐近分数列 $\left\{\dfrac{p_n}{q_n}\right\}$ 收敛于无理数,且这个无理数小于奇子列中的每一项,而大于偶子列中的每一项.

证明　由定理 5.2.1 与 5.2.3,渐近分数列的奇子列 $\left\{\dfrac{p_{2n+1}}{q_{2n+1}}\right\}$ 与偶子列 $\left\{\dfrac{p_{2n}}{q_{2n}}\right\}$ 均单调有界,所以二者均收敛. 又

$$\lim_{n\to\infty}\frac{p_{2n+1}}{q_{2n+1}}-\lim_{n\to\infty}\frac{p_{2n}}{q_{2n}}=\lim_{n\to\infty}\left(\frac{p_{2n+1}}{q_{2n+1}}-\frac{p_{2n}}{q_{2n}}\right)=\lim_{n\to\infty}\frac{(-1)^{2n+1}}{q_{2n}q_{2n+1}}=0.$$

所以, $\lim\limits_{n\to\infty}\dfrac{p_{2n+1}}{q_{2n+1}}=\lim\limits_{n\to\infty}\dfrac{p_{2n}}{q_{2n}}=\lim\limits_{n\to\infty}\dfrac{p_n}{q_n}$.

令 $\lim\limits_{n\to\infty}\dfrac{p_n}{q_n}=\alpha$,则

$$\frac{p_0}{q_0}<\frac{p_2}{q_2}<\cdots<\frac{p_{2n}}{q_{2n}}<\cdots<\alpha<\cdots<\frac{p_{2n+1}}{q_{2n+1}}<\cdots<\frac{p_3}{q_3}<\frac{p_1}{q_1}.$$

若 α 为有理数,则必可化为有限连分数,而非无限连分数,所以 α 为无理数.

定义 5.3.1　无限连分数 $[a_0,a_1,a_2,\cdots,a_n,\cdots]$ 的渐近分数列的极限值,称为该连分数的值.

定理 5.3.2　任一无理数都可表示成无限简单连分数.

设 α 是无理数,则由 $\alpha=[\alpha]+\{\alpha\}$,可得:

$$\alpha = a_1 + \frac{1}{\alpha_1}, a_1 = [\alpha], \alpha_1 = \frac{1}{\{\alpha\}} > 1,$$

$$\alpha_1 = a_2 + \frac{1}{\alpha_2}, a_2 = [\alpha_1], \alpha_2 = \frac{1}{\{\alpha_1\}} > 1,$$

……

$$\alpha_{k-1} = a_k + \frac{1}{\alpha_k}, a_k = [\alpha_{k-1}], \alpha_k = \frac{1}{\{\alpha_{k-1}\}} > 1,$$

……

从而，$\alpha = [a_0, a_1, a_2, \cdots, a_n, \ \alpha_n]$，且 $\alpha = \frac{a_0\alpha_0 + 1}{\alpha_0}, \alpha = \frac{\alpha_n p_n + p_{n-1}}{\alpha_n q_n + q_{n-1}}(n = 1, 2, \cdots)$，其中，$\frac{p_n}{q_n}(n = 1, 2, \cdots)$是$\alpha$的渐近分数.

下证$\lim\limits_{n\to\infty}[a_0, a_1, a_2, \cdots, a_n] = \alpha$.

由于

$$\left|\alpha - \frac{p_n}{q_n}\right| = \left|\frac{\alpha_n p_n + p_{n-1}}{\alpha_n q_n + q_{n-1}} - \frac{p_n}{q_n}\right| = \left|\frac{(-1)^n}{(\alpha_n q_n + q_{n-1})q_n}\right| = \frac{1}{(\alpha_n q_n + q_{n-1})q_n}$$

$$< \frac{1}{(a_{n+1}q_n + q_{n-1})q_n} = \frac{1}{q_{n+1}q_n} < \frac{1}{n(n+1)}.$$

所以，$\lim\limits_{n\to\infty}\frac{p_n}{q_n} = \alpha$，即$\lim\limits_{n\to\infty}[a_0, a_1, a_2, \cdots, a_n] = \alpha = [a_0, a_1, a_2, \cdots, a_n, \cdots]$.

又$a_n = [\alpha_{n-1}] \geqslant 1(n \geqslant 1)$，从而定理得证.

定理 5.3.3 任一无理数只能表示成唯一的无限简单连分数.

本定理可用数学归纳法证明，但过程稍显复杂，本书从略. 有兴趣者可以查阅相关文献与资料.

关于无限简单连分数，还有以下结论（本书均不做证明）.

定理 5.3.4 若$\frac{p_n}{q_n}$是实数α的第$n+1$个渐近分数，则在分母不大于q_n的一切有理数中，$\frac{p_n}{q_n}$是最接近于α的，即若$0 < q \leqslant q_n$，则$\left|\alpha - \frac{p_n}{q_n}\right| \leqslant \left|\alpha - \frac{p}{q}\right|(p \in \mathbf{Z}, \ q \in \mathbf{N}_+)$.

定理 5.3.5 若$\frac{p_n}{q_n}$是实数α的第$n+1$个渐近分数，则$\left|\alpha - \frac{p_n}{q_n}\right| < \frac{1}{q_n q_{n+1}}$.

此结论常用于误差估计.

类似于无限循环小数，连分数也会出现循环现象.

定义 5.3.2 对于给定的无限连分数$\alpha = [a_0, a_1, a_2, \cdots, a_n, \cdots]$，如果存在$m \in \mathbf{N}, k \in \mathbf{N}_+$，使$n \geqslant m$时，总有$a_{n+k} = a_n$，则称实数$\alpha$为循环连分数. 特别地，当$m = 0$时，称$\alpha$为纯循环连分数.

类似于循环小数，循环连分数也常常表示为$\alpha = \left[a_0, a_1, \cdots, a_{m-1}, \dot{a}_m, \cdots, \dot{a}_{m+k-1}\right]$. 显然，循

环连分数的表达式不唯一. 为此,规定满足定义 5.3.2 的 m,k 分别取最小值 m_0,l . 此时,称 l 为循环连分数的周期,于是 α 可唯一地表示为

$$\alpha=\left[a_0,a_1,\cdots,a_{m_0-1},\alpha_{m_0}\right]=\left[a_0,a_1,\cdots,a_{m_0-1},\dot{a}_{m_0},\cdots,\dot{a}_{m_0+l-1}\right].$$

这里的 $\alpha_{m_0}=\left[\dot{a}_{m_0},\cdots,\dot{a}_{m_0+l-1}\right]$ 是 α 的最大纯循环部分.

关于循环连分数,有以下结论(拉格朗日定理):当且仅当 α 是二次无理数时,其对应的连分数是循环连分数.(本书中不做证明)

例 5.3.1　求下列无限连分数的值:

(1) $\left[\dot{2}\right]$;(2) $\left[\dot{1},5,\dot{3}\right]$;(3) $\left[4,2,\dot{3},1,\dot{2}\right]$.

解　(1)设 $x=\left[\dot{2}\right]$,则 $x=2+\frac{1}{x}$. 解得 $x=1+\sqrt{2}$(负值舍去). 所以 $\left[\dot{2}\right]=1+\sqrt{2}$.

(2)设 $x=\left[\dot{1},5,\dot{3}\right]$,则 $x=\left[1,5,3,\ x\right]=1+\cfrac{1}{5+\cfrac{1}{3+\cfrac{1}{x}}}=\frac{19x+6}{16x+5}$,

化简得 $8x^2-7x-3=0$. 解得 $x=\frac{7+\sqrt{145}}{16}$(负值舍去).

所以 $\left[\dot{1},5,\dot{3}\right]=\frac{7+\sqrt{145}}{16}$.

(3)设 $x=\left[\dot{3},1,\dot{2}\right]$,则 $x=\left[3,1,2,\ x\right]=3+\cfrac{1}{1+\cfrac{1}{2+\cfrac{1}{x}}}=\frac{11x+4}{3x+1}$,

化简得 $3x^2-10x-4=0$. 解得 $x=\frac{5+\sqrt{37}}{3}$(负值舍去).

所以, $\left[4,2,\dot{3},1,\dot{2}\right]=\left[4,2,\frac{5+\sqrt{37}}{3}\right]=\frac{25+\sqrt{37}}{7}$.

例 5.3.2　将下列无理数表示成无限连分数,并求其符合要求的有理近似值:

(1) $\sqrt{2}$(精确到小数点后第 6 位);(2) $\frac{\sqrt{5}+1}{2}$(精确到小数点后第 3 位).

解　(1)先化无限连分数:

$$\sqrt{2}=1+\left(\sqrt{2}-1\right)=1+\frac{1}{\sqrt{2}+1}=1+\frac{1}{2+\left(\sqrt{2}-1\right)}$$

$$=1+\cfrac{1}{2+\cfrac{1}{\sqrt{2}+1}}=1+\cfrac{1}{2+\cfrac{1}{2+\left(\sqrt{2}-1\right)}}=1+\cfrac{1}{2+\cfrac{1}{2+\cfrac{1}{\sqrt{2}+1}}}$$

$$=\cdots=\left[1,\dot{2}\right].$$

列表求其渐近分数(表 5-3-1).

表 5-3-1 例 5.3.2(1)渐近分数表

n	0	1	2	3	4	5	6	7	8	9	…
a_n	1	2	2	2	2	2	2	2	2	2	…
p_n	1	3	7	17	41	99	239	577	1393	3363	…
q_n	1	2	5	12	29	70	169	408	985	2378	…

则$\left|\sqrt{2}-\frac{p_8}{q_8}\right|<\frac{1}{985\times 2\,378}<10^{-6}$. 所以$\frac{1\,393}{985}$即为所求.

(2)先化无限连分数:

$$\frac{\sqrt{5}+1}{2}=1+\frac{\sqrt{5}-1}{2}=1+\frac{1}{\frac{\sqrt{5}+1}{2}}=1+\frac{1}{1+\frac{\sqrt{5}-1}{2}}=1+\frac{1}{1+\frac{1}{\frac{\sqrt{5}+1}{2}}}=\cdots=[\dot{1}].$$

列表求其渐近分数(表 5-3-2).

表 5-3-2 例 5.3.2(2)渐近分数表

n	0	1	2	3	4	5	6	7	8	9	…
a_n	1	1	1	1	1	1	1	1	1	1	…
p_n	1	2	3	5	8	13	21	34	55	89	…
q_n	1	1	2	3	5	8	13	21	34	55	…

则$\left|\frac{\sqrt{5}+1}{2}-\frac{p_8}{q_8}\right|<\frac{1}{34\times 55}<10^{-3}$. 所以$\frac{55}{34}$即为所求.

仔细观察上表,可以发现,$\frac{\sqrt{5}+1}{2}$渐近分数的分子数列、分母数列都是斐波那契数列. 也就是说,斐波那契数列的每一项与前一项之比形成的数列刚好就是$\frac{\sqrt{5}+1}{2}$的渐近分数列. 这个分数列的倒数列,刚好是$\frac{\sqrt{5}-1}{2}$的渐近分数列. 斐波那契数列有许多美妙的性质,读者可以查阅相关资料.

运用连分数还可以求解二元一次不定方程、计算阳历的闰年和平年等. 限于篇幅,本书从略.

习题 5.3

1. 求下列数字的前 8 个渐近进分数,并从小到大排列:

(1)$2+\sqrt{3}$; (2)$\sqrt{2}$; (3)$[-7,\dot{2},3,\dot{2}]$.

2. 求下列无限连分数的值：

（1）$\left[3,1,\dot{2}\right]$；（2）$\left[\dot{1},2,\dot{1}\right]$；（3）$\left[\dot{3},\dot{2}\right]$.

3. 将下列无理数表示为无限连分数,并求其符合要求的有理近似值：

（1）$\sqrt{7}$（精确到小数点后第 3 位）；（2）$\dfrac{\sqrt{3}+1}{2}$（精确到小数点后第 4 位）.

课外补充题 5.3

1. 求 $\alpha=\left[\dot{1}, 2, \dot{3}\right]$之值.

第 6 章 原根与指标

在前面章节里,我们讨论了如何判断同余式 $x^2 \equiv a \pmod m$ 有解与否的问题,本章将进一步讨论同余式 $x^n \equiv a \pmod m$ 在什么条件下有解. 在讨论过程中要引进原根与指标这两个概念,这两个概念在数论里是很有用的. 本章通过原根与指标的研究,最后探讨二项同余方程.

6.1 指数及其基本性质

设 $m>1$ 且 $(a, m)=1$,则根据 Euler 定理可知,有 $a^{\varphi(m)} \equiv 1 \pmod m$,在计算过程中还知道存在正整数 $\gamma \leqslant \varphi(m)$,使得 $a^{\gamma} \equiv 1 \pmod m$ 的情况,为研究需要有下面的定义.

定义 6.1.1 若 $m>1$,$(a,m)=1$,则使得同余式 $a^{\gamma} \equiv 1 \pmod m$ 成立的最小正整数 γ 叫做 a 对模 m 的指数(也称为 a 对模 n 的次数),记作 $\gamma=\delta_m(a)$.

由 Euler 定理有 $a^{\varphi(n)} \equiv 1 \pmod n$,又根据定义 6.1.1 可知,$\delta(a) \leqslant \varphi(n)$.

定义 6.1.2 若 $\delta_m(a)=\varphi(m)$,则称 a 为模 n 的原根.

例如:2 对模 7 的指数是 3,对模 11 的指数是 10. 因此 2 是模 11 的一个原根,而不是模 7 的原根.

5 是模 3 及模 6 的原根,同时还是模 3^2,$2 \cdot 3^2$ 的原根,因为

$$5^2 \equiv 7 \pmod{3^2}, 5^3 \equiv -1 \pmod{3^2}, 5^4 \equiv -5 \pmod{3^2}, 5^5 \equiv -7 \pmod{3^2}, 5^6 \equiv 1 \pmod{3^2},$$

而 $\varphi(3^2)=6$.

根据定义 6.1.2 可知,对任意的 $\lambda<\delta(a)$, a 不是同余方程 $x^{\lambda}-1 \equiv 0 \pmod n$ 的解. 若 a 是同余方程 $x-1 \equiv 0 \pmod n$ 的解,且对任意的 $\lambda<d$, a 不是同余方程 $x^{\lambda}-1 \equiv 0 \pmod n$ 的解,则称 a 是同余方程 $x-1 \equiv 0 \pmod n$ 的原解,此时原解 a 对模 n 的次数为 $\delta(a)=d$,若 a 是模 n 的原根,则 a 一定是同余方程 $a^{\varphi(n)}-1 \equiv 0 \pmod n$ 的原解.

因此现在可以从讨论同余方程 $x-1 \equiv 0 \pmod n$ 出发,得到指数和原根的性质,下面来看几个例子.

(1)模 7 的原根.

由于 $n=7, \varphi(7)=6$,故模 7 的简化剩余系为 1,2,3,4,5,6,然后求出相应的 a 和 $\delta(a)$.

表 6-1-1 模 7

a	1	2	3	4	5	6
$\delta(a)$.	1	3	6	2	6	2

因此 3 和 5 是模 7 的全部原根.

（2）模 15 的原根.

由于 $n=15$, $\varphi(15)=\varphi(3)\varphi(5)=2\times4=8$, 故模 15 的简化剩余系为 $\{1, 2, 4, 7, 8, 11, 13, 14\}$,然后求出相应的 a 和 $\delta(a)$.

表 6-1-2　模 15

a	1	2	4	7	8	11	13	14
$\delta(a)$.	1	4	2	4	4	2	4	2

因此模 15 无原根存在.

（3）模 9 的原根.

由于 $n=9$, $\varphi(9)=3\varphi(3)=3\times2=6$, 故模 9 的简化剩余系为 $\{1, 2, 4, 5, 7, 8\}$,然后求出相应的 a 和 $\delta(a)$.

表 6-1-3　模 9

a	1	2	4	5	7	8
$\delta(a)$.	1	6	3	6	3	2

因此 2 和 5 是模 9 的全部原根.

（4）模 8 的原根.

由于 $n=8$, $\varphi(8)=2\varphi(4)=2\times2\varphi(2)=4$, 故模 8 的简化剩余系为 $\{1,3,5,7\}$,然后求出相应的 a 和 $\delta(a)$.

表 6-1-4　模 8

a	1	3	5	7
$\delta(a)$.	1	2	2	2

因此模 8 无原根存在.

原根是否存在,以及模 m 的原根有多少个这两个问题,留到以下几节讨论. 这一节我们先讨论指数的基本性质.

定理 6.1.1　若 a 对模 m 的指数是 φ,则 $a^0,a^1,a^2,\cdots,a^{\varphi-1}$ 对模 m 两两不同余.

证明　我们用反证法证明.

假定有两个整数 k, l 满足条件 $a^l\equiv a^k\pmod m$, $0\leqslant k<l<\delta$, 因 $(a, m)=1$, 故得 $a^{l-k}\equiv1\pmod m$, $0<l-k<\delta$,这与 φ 是 a 对模 m 的指数矛盾,故定理获证.

定理 6.1.2　设 $a\equiv b\pmod n$, 则有 $\delta(a)=\delta(b)$.

定理 6.1.3　$a\equiv1\pmod n$ 和 $\delta(a)\mid k$ 等价.

证明 若 $\delta(a)|k$, 则 $a\equiv 1(\bmod n)$ 显然成立.

若 $a\equiv 1(\bmod n)$, 故设 $k=q\delta(a)+r$, 其中($0\leqslant r<\delta(a)$,

假设 r $\neq$ 0,则有 $a^k=a^{q\delta_n(a)}\cdot a^r$, 进而得到 $a\equiv a\equiv 1(\bmod n)$,

这和 $\delta(a)$ 为次数矛盾,因此有 $r=0$, 即 $\delta(a)|k$.

根据定理 6.1.2 和定理 6.1.3 可以得到下面几个推论.

推论 1: $\delta(a)|\varphi(n)$.

推论 2: 设 $(a,n)=1$, 则有 $a^{k_1}\equiv a^{k_2}(\bmod n)$ 与 $\delta(a)|(k_1-k_2)$ 等价.

推论 3: 设 $(a,n)=1$, 则有 $a^0,a^1,a^2,\cdots,a^{\delta_n(a)-1}$ 对模 η 两两不同余,且当 a 为原根时, $\{a^0,a^1,a^2,\cdots,a^{\delta_n(a)-1}\}$ 是模 η 的一个简化剩余系,此时 $\delta(a)=\varphi(n)$.

定理 6.1.4 设 λ $|\delta(a)$, 则有 $\delta_n(a^\lambda)=\dfrac{\delta_n(a)}{\lambda}$.

证明 设 $\delta_n(a^\lambda)=d$, 由于 $(a^\lambda)^{\frac{\delta_n(a)}{\lambda}}\equiv 1(\bmod n)$, 故根据定理 6.1.3 可知,有 $d|\dfrac{\delta_n(a)}{\lambda}$,

假设 $d<\dfrac{\delta_n(a)}{\lambda}$,则有 $\lambda d<\delta(a)$,而 $a^{\lambda d}\equiv 1(\bmod n)$,与 $\delta(a)$ 为次数矛盾,故有 $\lambda d\geqslant\delta(a)$,

因此只能得到 $d=\dfrac{\delta_n(a)}{\lambda}$,定理得证.

定理 6.1.5 若 $(c,\delta(a))=1$,则有 $\delta(a)=\delta(a)$.

证明 设 $\delta(a)=d$, 一方面由定理 2 可知,有 $\delta(a)|cd$, 由于 $(c,\delta(a))=1$, 故得到 $\delta(a)|d$,

另一方面有 $(a^c)^{\delta_n(a)}\equiv 1(\bmod n)$,

同样根据定理 6.1.3 可知,有 $d|\delta(a)$,因此得到 $\delta(a)=d$,定理得证.

定理 6.1.6 $\delta_n(a^c)=\dfrac{\delta_n(a)}{(\delta_n(a),c)}$.

证明 由于 $a^c=a^{(\delta_n(a),c)\cdot\frac{c}{(\delta_n(a),c)}}$, 根据定理 6.1.4 可知, $a^{(\delta_n(a),c)}$ 的次数为 $\dfrac{\delta_n(a)}{(\delta_n(a),c)}$,由于 $\left(\dfrac{\delta_n(a)}{(\delta_n(a),c)},\dfrac{c}{(\delta_n(a),c)}\right)=1$, 然后根据定理 6.1.5 可知, $a^c=\left(a^{(\delta_n(a),c)}\right)\dfrac{c}{(\delta_n(a),c)}$ 的次数为 $\dfrac{\delta_n(a)}{(\delta_n(a),c)}$,定理得证.

定理 6.1.7 若 $(\delta(a),\delta(b))=1$,则有 $\delta(ab)=\delta(a)\cdot\delta(b)$.

证明 设 $\delta(ab)=d$,则 $(ab)\equiv 1(\bmod n)$,故有 $1\equiv(ab)^d\equiv(ab)^{d\delta_n(b)}\equiv a^{d\delta_n(b)}(\bmod n)$,然后根据定理 2 可知,有 $\delta(a)|d\delta(b)$,由于 $(\delta(a),\delta(b))=1$,因此有

$$\delta(a)|d.$$

同理可得

$$1 \equiv (ab)^d \equiv (ab)^{d\delta_n(a)} \equiv b^{d\delta_n(a)} \pmod n,$$

再根据定理 6.1.3 可知，有 $\delta(b) \mid d\delta(a)$，进而得到 $\delta(b) \mid d$.

又由于

$$\delta(a) \mid d,\ \delta(b) \mid d,$$

故

$$\delta(a)\cdot\delta(b) \mid d,$$

因为 $(ab)^{\delta_n(a)\cdot\delta_n(b)} \equiv 1 \pmod n$，所以

$$d \mid \delta(a)\cdot\delta(b),$$

于是得到 $d=\delta(a)\cdot\delta(b)$，定理 6.1.7 得证.

但如果不满足 $(\delta(a),\delta(b))=1$ 这个条件，则一般不能推出

$$\delta(ab)=[\delta(a),\delta(b)],$$

如 $n=10$ 的简化剩余系为 $\{1,3,7,9\}$，然后求出相应的 a 和 $\delta(a)$.

表 6-1-5　模 10

a	1	3	7	9
$\delta(a)$	1	4	4	2

根据定理 6.1.1 可知，有

$$\delta(3\times3)=\delta(9)=2\neq[\delta(3),\delta(3)]=4,$$

$$\delta(3\times7)=\delta(21)=\delta(1)=1\neq[\delta(3),\delta(7)]=4,$$

$$\delta(3\times9)=\delta(27)=\delta(7)=4=[\delta(3),\delta(9)]=4,$$

$$\delta(7\times7)=\delta(49)=\delta(9)=2\neq[\delta(7),\delta(7)]=4,$$

$$\delta(7\times9)=\delta(63)=\delta(3)=4=[\delta(7),\delta(9)]=4,$$

$$\delta(9\times9)=\delta(81)=\delta(1)=1\neq[\delta(9),\delta(9)]=2,$$

因此只能得到下面的定理.

定理 6.1.8　对任意的 a,b，则存在 c 使得

$$\delta(c)=[\delta(a),\delta(b)]\text{成立.}$$

证明　要证明该定理只需证明 $(a,n)=(b,n)=1$. 的情形即可. 设 $\delta=[\delta_n(a),\delta_n(b)]=q_1^{\alpha_1}q_2^{\alpha_2}\cdots q_s^{\alpha_s}$，其中 $q(1\leqslant i\leqslant s)$ 为素数，由最小公倍数的定义可知，对每一个 i，有 $q_i^{\alpha_i}\mid\delta_n(a)$ 或 $q_i^{\alpha_i}\mid\delta_n(b)$ 至少一个成立，不妨设 $q_i^{\alpha_i}\mid\delta_n(a)$，则有 $\delta_n(a)=q_i^{\alpha_i}\gamma_i$，再令 $c_i=a^{\gamma_i}$，则根据定理 6.1.4 可知，有

$$\delta_n(c_i)=\delta_n(a^{\gamma_i})=\frac{\delta_n(a)}{\gamma_i}=q_i^{\alpha_i},$$

故存在 $c_1,c_2,\cdots,c_s$ 使得

$\delta_n(c_i)=q_i^{\alpha_i}(1\leqslant i\leqslant s)$ 成立，最后令 $c=c_1c_2\cdots c$，根据定理 6.1.7 可知，有

$$\delta_n(c)=\delta_n(c_1)\delta_n(c_2)\delta_n(c_s)=q_1^{\alpha_1}q_2^{\alpha_2}q_s^{\alpha_s}=[\delta_n(a),\delta_n(b)],$$

定理 6.1.8 得证.

定理 6.1.8 可以用来证明原根的存在性，下面开始讨论两个以上模的情形.

定理 6.1.9 设 $(n_1,n_2)=1$，则有 $\delta_{n_1n_2}(a)=\left[\delta_{n_1}(a),\delta_{n_2}(a)\right]$.

证明 设 $\delta_{n_1n_2}(a)=d$，一方面有 $a\equiv 1(\bmod n_1n_2)$ 和 $\begin{cases}a^d\equiv 1(\bmod n_1)\\ a^d\equiv 1(\bmod n_2)\end{cases}$ 等价，

故有

$$\delta_{n_1}(a)\mid d,\ \delta_{n_2}(a)\mid d,$$

进而有

$$\left[\delta_{n_1}(a),\delta_{n_2}(a)\right]\mid d,$$

另一方面有

$$a^{\left[\delta_{n_1}(a),\delta_{n_2}(a)\right]}\equiv 1(\bmod n_1)$$

和

$$a^{\left[\delta_{n_1}(a),\delta_{n_2}(a)\right]}\equiv 1(\bmod n_2),$$

故得到

$$a^{\left[\delta_{n_1}(a),\delta_{n_2}(a)\right]}\equiv 1(\bmod n_1n_2),$$

进而得到 $d\mid\left[\delta_{n_1}(a),\delta_{n_2}(a)\right]$,

于是得到 $d=\left[\delta_{n_1}(a),\delta_{n_2}(a)\right]$,

定理得证.

定理 6.1.10 设 $(n_1,n_2)=1$，则对任意的 a_1,a_2，存在 a 使得

$$\delta_{n_1n_2}(a)=\left[\delta_{n_1}(a_1),\delta_{n_2}(a_2)\right].$$

证明 考虑同余方程组

$$\begin{cases}x\equiv a_1(\bmod n_1)\\ x\equiv a_2(\bmod n_2)\end{cases},$$

由孙子定理可知，该方程组存在唯一解 $x\equiv a(\bmod n_1n_2)$,

然后根据定理 6.1.2 可知，有 $\delta_{n_1}(a)=\delta_{n_1}(a_1)$ 和 $\delta_{n_2}(a)=\delta_{n_2}(a_2)$,

故再根据定理 6.1.9 可以得到

$$\delta_{n_1n_2}(a)=\left[\delta_{n_1}(a),\delta_{n_2}(a)\right]=\left[\delta_{n_1}(a_1),\delta_{n_2}(a_2)\right],$$

定理证毕.

例 6.1.1 证明模 $n=2(n\geqslant 3)$ 不存在原根.

证明 由于 $n=2$，则 $\varphi(n)=2^{-1}$，故只需证明当 $(a,2)=1$ 时，有 $a^{2^{k-2}}\equiv 1(\bmod 2^k)$ 即可，

其中，$k \geqslant 3$. 因此可以利用归纳法，当 $k=3$ 时，设 $a=2m+1$，则有 $a^2=(2m+1)^2=4m(m+1)+1\equiv 1(\bmod 8)$，

假设 $a^{2^{k-2}}\equiv 1(\bmod 2^k)$ 对 $k\geqslant 3$ 成立，即 $a^{2^{k_0-2}}-1\equiv 0(\bmod 2^{k_0})$，则当 $k=k_0+1$ 时，有 $a^{2^{k_0-1}}-1=\left(a^{2^{k_0-2}}-1\right)\left(a^{2^{k_0-2}}+1\right)\equiv 0(\bmod 2^{k_0+1})$，

证毕.

而当 $n=2$ 时，原根为 1，$n=4$ 时，原根为 3.

习题 6.1

1. 求 1，2，3，4，5，6 对模 7 的指数.
2. 写出模 11 的指数表.
3. 若 $n|m$，证明 $\delta_n(a)|\delta_m(a)$.
4. 设 p 是单质数，a 是大于 1 的整数，证明

（1）$a-1$ 的奇质数 q 是 $a-1$ 的因数或是形如 $2px+1$ 的整数，其中 x 是整数

（2）$a+1$ 的单质因数是 $a+1$ 的因数或是形如 $2px+1$ 的整数，其中 x 是整数

5. 求模 14 的全部原根.

6.2　原根存在定理

任给一模 m，原根是不一定存在的. 实际上，只有在 m 是 2，4，p^α，$2p^\alpha$（p 是奇素数）四者之一时原根才存在，这就是本节要证明的主要结果.

6.2.1　原根存在的条件

定理 6.2.1　设 $n=2^{\alpha_0}p_1^{\alpha_1}p_2^{\alpha_2}\cdots p_s^{\alpha_s}$ 且 $\varepsilon(n)=\left[\Phi(2^{\alpha_0}),\varphi(p_1^{\alpha_1}),\varphi(p_2^{\alpha_2}),\cdots,\varphi(p_s^{\alpha_s})\right]$，

其中 $\Phi(2^{\alpha_0})=\begin{cases}\varphi(2^{\alpha_0}),\alpha_0\leqslant 2\\ \dfrac{1}{2}\varphi(2^{\alpha_0}),\alpha_0\geqslant 3\end{cases}$，则对任意的 a 满足 $(a,n)=1$，有 $\delta(a)\mid\varepsilon(n)$ 成立.

证明　由定理 6.1.8 可知，有

$$\delta_n(a)=\left[\delta_{2^{\alpha_0}}(a),\delta_{p_1}\alpha_1(a),\delta_{p_2}\alpha_2(a),\cdots,\delta_{p_s^{\alpha_s}}(a)\right],$$

再根据定理 6.1.3 和例 6.1.1 可知，

由于 $(2^{\alpha_0})=2^{\alpha_0-1}$，则有

$$a^{2^{\alpha_0-2}}=a^{\frac{1}{2}\varphi(2^{\alpha_0})}\equiv 1(\bmod 2^{\alpha_0})$$

和

$$a^{(p_i^{\alpha_i})}\equiv 1(\bmod p_i^{\alpha_i}),\ 1\leqslant i\leqslant s,$$

故有 $\delta_{2^{\alpha_0}}(a)\mid\frac{1}{2}\varphi(2^{\alpha_0})$ 和 $\delta_{p_i^{\alpha_i}}(a)\mid\varphi(p_i^{\alpha_i})$，

因此有

$$\left[\delta_{2^{\alpha_0}}(a),\delta_{p_1^{\alpha_1}}(a),\delta_{p_2^{\alpha_2}}(a),\cdots,\delta_{p_s^{\alpha_s}}(a)\right]\left|\left[\frac{1}{2}\varphi\left(2^{\alpha_0}\right),\varphi\left(p_1^{\alpha_1}\right),\varphi\left(p_2^{\alpha_2}\right),\cdots,\varphi\left(p_s^{\alpha_s}\right)\right]\right.,$$

即 $\delta(a)\mid\varepsilon(n)$,

定理得证.

推论 4: 当 $n\neq 2,4,p^{\alpha},2p^{\alpha}$ 时一定不存在原根,其中 $p>2$.

证明 根据定理 6.1.11 中的 $\varepsilon(n)=\left[\Phi\left(2^{\alpha_0}\right),\varphi\left(p_1^{\alpha_1}\right),\varphi\left(p_2^{\alpha_2}\right),\cdots,\varphi\left(p_s^{\alpha_s}\right)\right]$ 可知,有 $\varepsilon(n)\mid\phi(n)$,

但当 $n\neq 2,4,p^{\alpha},2p^{\alpha}$ 时有

$$\varepsilon(n)\leqslant\frac{1}{2}\varphi(n),$$

故对上述的 n 且满足 $(a,n)=1$, 恒有

$$\delta(a)<\varphi(n),$$

即不存在原根.

接下来讨论当 $n=2,4,p^{\alpha},2p^{\alpha}$ 时有原根存在,下面来看几个引理.

引理 1 设素数 $p>2$, ,则对模 p 一定存在原根.

证明 设 1, 2,⋯, p-1 对模 p 的指数为 $\delta_p(1),\delta_p(2),\cdots,\delta_p(p-1)$, 然后根据定理 6.1.8 可知,存在 g 使得 $\delta_p(g)=\left[\delta_p(1),\delta_p(2),\cdots,\delta_p(p-1)\right]$, 由于 $g^{-1}\equiv 1(\bmod p)$, 故有 $\delta(g)\mid(p-1)$, 又根据同余方程 $x^{\delta_p(g)}\equiv 1(\bmod p)$ 有 $p-1$. 个解分别为 1, 2,⋯, p-1, 且同余方程解的个数不超过方程的除数,即 $p-1\leqslant\delta(g)$, 因此有 $\delta(g)=p-1$, 即 g 是模 p 的原根,引理证毕.

引理 2 设 $\alpha\geqslant 2$ 和素数 $p>2$, 若 g 是 p^{α} 的原根,则 g 也是 $p^{\alpha-1}$ 的原根.

证明 设 $d=\delta_{p^{\alpha-1}}(a)$, 因此只需要证明 $d=\varphi\left(p^{\alpha-1}\right)$ 即可.

一方面由于 $g^d\equiv 1\left(\bmod p^{\alpha-1}\right)$, 故有 $g^d=1+kp^{\alpha-1}$, 进而得到

$g^{dp}=\left(1+kp^{\alpha-1}\right)^p=1+k'p$, 即 $g\equiv 1\left(\bmod p^{\alpha}\right)$, 又由于 g 是 p^{α} 的原根,故 $\left(p^{\alpha}\right)\mid dp$, 即 $\left(p^{\alpha-1}\right)\mid d$,

另一方面根据 $d=\delta_{p^{\alpha-1}}(a)$ 可知,有 $d\mid\varphi\left(p^{\alpha-1}\right)$, 故得到 $d=\varphi\left(p^{\alpha-1}\right)$,

因此要找 p^{α} 的原根就可以在 p 的原根中去寻找,引理证毕.

引理 3 设 g 是 p 的原根,则存在 t_0 使得 $g+t_0p$ 是所有 p^{α} 的原根,其中 $(\alpha\geqslant 1)$.

证明 设 $g+tp$ 对模 p^2 的次数为 δ, 故有 $\delta\mid p(p-1)$.

由于

$$(g+tp)^{\delta}\equiv 1\left(\bmod p^2\right),$$

则得到 $(g+tp)^{\delta}\equiv 1(\bmod p)$, 又由于 g 是 p 的原根,于是得到 $(p-1)\mid\delta$.

进而有 $\delta=(p-1)p$, 其中 $n=0$ 或 $n=1$.

如果能找到一个 t_0 使得 $r \neq 0$，则

$$\delta = (p-1)p = \varphi(p^2),$$

即 $g+t_0 p$ 为 p^2 的原根，接下来证明满足上述条件的 t_0 存在.

由于

$$(g+tp)^{-1} = g^{-1} + (p-1)g^{-2}tp + p^2 T$$

和 $g^{-1} = 1 + pT$，故得到

$$(g+tp)^{-1} = 1 + p(T_1 - g^{-2}t) + p^2 T,$$

然后只要选取 t_0 使得 $g^{-2}t_0 \neq T(\bmod p)$，于是就有 $(g+tp)^{-1} \neq 1(\bmod p^2)$，此时 $g+t_0 p$ 对模 p^2 的次数 $\delta = (p-1)p$，又由于同余方程 $g^{-2}t \equiv T_1(\bmod p)$ 只有唯一解，故除了一个 t，其余的 $p-1$ 个 t 均满足 $g^{-2}t_0 \neq T_1(\bmod p)$，这样就证明了 t_0 存在. 然后就可以用 g 或. $g+p$ 代入 $(g+tp)^{-1} \neq 1(\bmod p^2)$ 中去检验是否为 p^2 的原根，则得到 g 和 $g+p$ = 定有一个是 p^2 的原根，再根据

$$(g+tp)^{-1} = 1 + p(T_1 - g^{-2}t) + p^2 T$$

可知，上面的 t_0 一定满足下面的 $\alpha-1$ 个式子，即

$$\begin{cases} (g+t_0 p)^{p-1} \neq 1(\bmod p^2) \\ 0pt(g+t_0 p)^{p(p-1)} \neq 1(\bmod p^3) \\ \cdots \\ (g+t_0 p)^{p^{\alpha-2}}(p-1)\} \neq 1(\bmod p^\alpha) \end{cases}$$

故 $g+t_0 p$ 为 $p^2, p^3, \cdots, p^\alpha$ 为原根，引理证毕.

引理 4: 设 $\alpha \geqslant 1$，若 g 为 p^α 的原根，则 g 和 $g+p^\alpha$ 中的奇数是 $2p^\alpha$ 的原根，其中素数 $p>2$.

证明　一方面由于 g 和 $g+p^\alpha$ 均为 p^α 的原根，则不妨设 g 是奇数且 $(g, 2p^\alpha)=1$，令 g 对模 $2p^\alpha$ 的次数为 d，故 $d \mid \varphi(2p^\alpha) = \varphi(p^\alpha)$，

另一方面由于 $g \equiv 1(\bmod 2p^\alpha)$，故有 $g \equiv 1(\bmod p^\alpha)$，进而得 $\varphi(p^\alpha) \mid d$，因此有 $d = \varphi(p^\alpha) = \varphi(2p^\alpha)$，即 g 是 $2p^\alpha$ 的原根，由于. $g+p^\alpha$ 也是奇数，同理可得 $g+p^\alpha$ 也是 $2p^\alpha$ 的原根，引理证毕.

根据引理 1~ 引理 4 就可以得到下面的定理.

定理 6.2.2　当 $n=2,4,p^\alpha,2p^\alpha$ 时一定有原根存在.

定理 6.2.3　若模 n 有原根存在，则对模 n 次数为 d 的数的个数为 $\varphi(d)$，且对模 n 有 $\varphi(\varphi(n))$ 个原根.

证明　由于 g 是模 n 的原根，故 $\{g^0, g^1, g^2, \cdots, g^{\varphi(n)-1}\}$ 是模 n 的一个简化剩余系，然后要在这 $\varphi(n)$ 个数中找出次数为 d 的数，即 g^λ 中有多少个 λ 使得 g^λ 的次数为 d，其中 $0 \leqslant \lambda \leqslant \varphi(n)-1$，定理 6.1.1. 有

$$\delta_n(g^\lambda)=\frac{\delta_n(g)}{(\delta_n(g),\lambda)}=\frac{\varphi(n)}{(\varphi(n),\lambda)},$$

进而 $d=\delta_n(g^\lambda)$ 的数的个数就是当 $0\leqslant\lambda\leqslant\varphi(n)-1$ 时满足 $(\varphi(n),\lambda)=\frac{\varphi(n)}{d}$ 的 λ 的个数,因此得到 $\lambda=k\cdot\frac{\varphi(n)}{d}$,其中 $0\leqslant k\leqslant d-1$,故有

$$\frac{\varphi(n)}{d}=\left(\varphi(n),k\cdot\frac{\varphi(n)}{d}\right)=\frac{\varphi(n)}{d}(d,k),$$

此时 k 必须满足 $(d,k)=1$,然后得到 k 的个数为 $\varphi(d)$个,即 λ 也有 $\varphi(d)$个,定理得证.

6.2.2 模 $p^\alpha(p>2)$ 简化剩余系的改造

根据定理 6.2.13 可知,如果能找到模 n 的原根 g,则 $\{g^0,g^1,g^2,\cdots,g^{\varphi(n)-1}\}$ 是模 n 的一个简化剩余系,故问题的关键在于找原根,下面给出一种找模 p 原根的方法——消去法,而这个方法基于以下的基本事实,即若 a 对模 p 的次数 $d<\varphi(p)$ 则 $a^1,a^2,\cdots,a$ 不是模 p 的原根,于是设模 p 的简化剩余系为 $\{1,2,\cdots,p-1\}$,首先取 a=2,求出 a 的次数为 d,若 $d=p-1$,则 2 是原根 ,若 $d<p-1$,则在 $1,2,\cdots,p-1$ 中消去与 $2^1,2^2,\cdots,2$ 对模 p 同余的数,这样的方法可以继续取 a=3 继续下去,直到剩下 $\varphi(p-1)$个数就是全部模 p 的原根.

求得模 p 的原根后,则 $n=p^\alpha$ 的原根 g 都能找到,模 p^α 的简化剩余系也可以从 $g^0,g^1,g^2,\cdots,g^{\varphi(n)-1}$ 得到,故接下来的问题就是对于 $n=2^\alpha(\alpha>2)$ 时无原根,如何表示模 2^α 的简化剩余系,于是有下面的定理.

定理 6.2.4 设 $\alpha\geqslant3$,,则 5 和 3 对 2^α 的次数为 $2^{\alpha-2}$,且 $\{\pm5^0,\pm5^1,\pm5^2,\pm5^{2^{\alpha-2}-1}\}$ 和 $\{\pm3^0,\pm3^1,\pm3^2,\pm3^{2^{\alpha-2}-1}\}$ 均构成 2^α 的一个简化剩余系.

证明 当 $\alpha\geqslant3$ 时,对任意的 a 且满足 $(a,2)=1$,有 $a^{2^{\alpha-2}}\equiv1(\bmod 2^\alpha)$,故对于任意的 a 的次数 $\delta_{2^{\alpha-2}}(a)$,有 $\delta_{2^{\alpha-2}}(a)\mid2^{\alpha-2}$ 且为 2^λ 的形式.

下面来证明 5 对模 2^α 的次数为 $2^{\alpha-2}$,故只需证明当 $\alpha\geqslant3$ 时有

$5^{2^{\alpha-3}}\not\equiv1(\bmod 2^\alpha)$,利用归纳法,当 $\alpha=3$ 时,有 $5^{2^0}\not\equiv1(\bmod 8)$ 显然成立,接下来假设 $\alpha=k>3$ 时成立,然后证明当 $\alpha=k+1$ 时成立即可,由于 $k\geqslant3$ 时有 $5^{2^{k-3}}\equiv1(\bmod 2^{k-1})$,其中 $k=3$ 时直接成立, $k>3$ 时有 $\delta_{2^{k-1}}(5)\mid2^{k-3}$,故有 $5^{2^{k-3}}=1+(2L+1)2^{k-1}$,进而有 $5^{2^{k-2}}=1+(2L+1)2^k+(2L+1)^2\cdot2^{2k-2}$,又由于当 $k>3$ 时有 $2k-2\geqslant k+1$,因此得到 $5^{2^{k-2}}\not\equiv1(\bmod 2^{k+1})$,此时 $5^{2^{\alpha-3}}\not\equiv1(\bmod 2^\alpha)$ 在 $\alpha=k+1$ 时成立,即证明了当 $\alpha\geqslant3$ 时 $\delta_{2^\alpha}(5)=2^{\alpha-2}$.

继续证明当 $\alpha\geqslant3$ 时, $\{\pm5^0,\pm5^1,\pm5^2,\cdots,\pm5^{2^{\alpha-2}-1}\}$ 是 2^α 的简化剩余系,根据 $\delta_{2^\alpha}(5)=2^{\alpha-2}$ 可知, $5^0,5^1,5^2,\cdots,5^{2^{\alpha-2}-1}$ 对模 2^α 两两不同余,以及有 $-5^0,-5^1,-5^2,\cdots,-5^{2^{\alpha-2}-1}-1$ 对模两两不同余,又由于 $5^{\alpha_1}\equiv1(\bmod 4)$ 和 $-5^{\alpha_2}\equiv-1(\bmod 4)$,故得到 $5^{\alpha_1}\not\equiv-5^{\alpha_2}(\bmod 4)$,因此 $\{\pm5^0,\pm5^1,\pm5^2,\cdots,\pm5^{2^{\alpha-2}-1}\}$ 构成 2^α 的一个简化剩余系,同理可证 $\{\pm3^0,\pm3^1,\pm3^2,\cdots,\pm3^{2^{\alpha-2}-1}\}$ 也

构成 2^α 的一个简化剩余系,定理得证.

定理 6.2.5　设 $n=2^\alpha$,其中 $\alpha\geqslant 3$,,则在模 n 的简化剩余系中次数为 d 的个数 $\psi(d)$为

$$\psi(d)=\begin{cases}1,d=1\\3,d=2\\2\varphi(d),d>2\end{cases}.$$

证明　由定理 6.2.14 可知,当 $\alpha\geqslant 3$ 时,有 $1\leqslant\alpha\leqslant 2^\alpha$,且 $(a,2)=1$,由简化剩余系 $5^0,5^1,5^2,\cdots,5^{2^{\alpha-2}-1},-5^0,-5^1,-5^2,\cdots,-5^{2^{\alpha-2}-1}$ 来表示,再根据定理 6.1.6 可知,有 $\delta_{2^\alpha}(5^k)=\dfrac{\delta_2\alpha(5)}{(\delta_{2^\alpha}(5),k)}=\dfrac{2^{\alpha-2}}{(2^{\alpha-2},k)}$,类似于定理 6.2.13 的证明,得到在 $5^0,5^1,5^2,\cdots,5^{2^{\alpha-2}-1}$ 中次数为 d 的个数有 φ(d)个,而在 $-5^0,-5^1,-5^2,\cdots,-5^{2^{\alpha-2}-1}$ 中除了 -5^0 的次数为 2,其余的 $-5^k(1\leqslant k\leqslant 2^{\alpha-2}-1)$ 和 5 次数相同,因此有 $\psi(1)=1$£¬ $\psi(2)=1+2\varphi(2)=3$ 和 $\psi(d)=2\varphi(d)$,其中 $d>2$ 且 $d\,|\,2^{\alpha-2}$,

最后还能得到

$$\sum_{d|2^{\alpha-2}}\psi(d)=1+1+2\sum_{d|2^{\alpha-2},d>2}\varphi(d)=2\sum_{d|2^{\alpha-2}}\varphi(d)=2^{\alpha-1},$$

定理得证.

定理 6.2.6　设 $n=2^{\alpha_0}p_1^{\alpha_1}p_2^{\alpha_2}\cdots p_s^{\alpha_s}$ 且

$\varepsilon(n)=\left[\Phi(2^{\alpha_0}),\varphi(p_1^{\alpha_1}),\varphi(p_2^{\alpha_2}),\cdots,\varphi(p_s^{\alpha_s})\right]$,其中,

$\Phi(2^{\alpha_0})=\begin{cases}\varphi(2^{\alpha_0}),\alpha_0\leqslant 2\\\dfrac{1}{2}\varphi(2^{\alpha_0}),\alpha_0\geqslant 3\end{cases}$,则存在 a 使得 $\delta(a)=\varepsilon(n)$.

证明　由于 p^α 存在原根且次数为 (p^α),当 $\alpha_0\geqslant 3$ 时,5 的次数为 $\Phi(2^{\alpha_0})$,其中 $\Phi(2^{\alpha_0})=\begin{cases}\Phi(2^{\alpha_0}),\alpha_0\leqslant 2\\\dfrac{1}{2}\Phi(2^{\alpha_0}),\alpha_0\geqslant 3\end{cases}$,再根据定理 6.1.10 可知,

$$\delta_n(a)=\delta_{2^{\alpha_0}}p_1^{\alpha_1}p_2^{\alpha_2}p_s^{\alpha_s}(a)=\left[\Phi(2^{\alpha_0}),\varphi(p_1^{\alpha_1}),\varphi(p_2^{\alpha_2}),\cdots,\varphi(p_s^{\alpha_s})\right]=\varepsilon(n),$$

定理得证.

例 6.2.1　求模 41 的原根.

解:由于模 41 的简化剩余系为{1, 2,⋯, 40},首先考虑 2 对模 41 的次数为 20,故应该消去与 $2^1,2^2,\cdots,2^{20}$ 对模 41 同余的数,即为 2,4,8,16,32,23,5,10,20,40,39,37,33,25,9,18,36,31,21,1,此时在模 41 的简化剩余系中还剩 20 个数,事实上 $\varphi(40)=16<20$,故再考虑 3 对模 41 的次数为 8,故应该消去与 $3^1,3^2,\cdots,3^8$ 对模 41 同余的数,即为 3,9,27,40,38,32,14,1,由于 1,9,32,40 这 4 个数已经被消去,故此次只消去 3,27,38,14 四个数,还剩下 $\varphi(40)$个数 6,7,11,12,13,15,17,19,22,24,26,28,29,30,34,35 为模 41 的原根.

习题 6.2

1. 求模 29 的最小正原根.
2. 分别求模 29^3 和模 $2\cdot29^3$ 的原根.
3. 解同余方程：$x^{12}\equiv16(\bmod 17)$.

6.3 指标与指标组

为了解决任意模 n 的简化剩余系的构造问题，于是就引入指标的概念.

6.3.1 相关概念及性质

定义 6.3.1 设模 n 有原根存在且 $n>1$，则对任意的 a 满足 $(a,n)=1$，存在唯一的 r 使得 $g\equiv a(\bmod n)$，其中 $0\leqslant r\leqslant\varphi(n)-1$，此时称 r 是以 g 为底的 a 对模 n 的指标，记作 $imd_{n,g}a$ 或 $inda$.

由定义 6.3.1 可知，指标与所取的原根 g 有关，下面是指标的一些基本性质.

定理 6.3.1 对任意的 $r',g'\equiv a(\bmod n)$ 和 $r'\equiv inda(\bmod\varphi(n))$ 等价.

证明 由于原根 g 的次数为 $\varphi(n)$，则根据推论 2 可知，$g'\equiv g^n\equiv a(\bmod n)$ 与 $\varphi(n)|(r'-inda)$ 等价，即有 $g'\equiv a(\bmod m)$ 和 $r'\equiv inda(\bmod\varphi(n))$ 等价，

定理得证.

定理 6.3.2 $ind(a_1,a_2)\equiv inda_1+inda_2(\bmod\varphi(n))$.

证明 由于 g 为原根，且有

$$g^{ind(a_1,a_2)}\equiv a(\bmod n)$$

和

$$g^{inda_1+inda_2}\equiv a(\bmod n),$$

故根据推论 2 可知，有

$$\varphi(n)|(inda_1+inda_2-ind(a_1,a_2)),$$

即

$$ind(a_1,a_2)\equiv inda_1+inda_2(\bmod\varphi(n))$$

定理 6.3.3 $ind_{g_1}g_2\cdot ind_{g_2}g_1\equiv1(\bmod\varphi(n))$.

证明 设 $r_1=imd_{g_1}$ 和 $r_2=ind_{g_2}g_1$，则有 $g_1^{r_1}\equiv g_2(\bmod n)$ 和 $g_2^{r_2}\equiv g_2(\bmod n)$，故有 $g_1^{r_1r_2}\equiv g_1(\bmod n)$ 和 $g_2^{r_1r_2}\equiv g_2(\bmod n)$，根据推论 2 可知，有 $r_1r_2\equiv1(\bmod\varphi(n))$，事实上还可以得到 $(t_1,\varphi(n))=1$ 和 $(r_2,\varphi(n))=1$，定理得证.

定理 6.3.4 $ind_{g_1}a\equiv ind_{g_1}g_2\cdot ind_{g_2}a(\bmod\varphi(n))$.

证明 由于

$$a \equiv g_2^{ind_{g_2}a} \equiv g_1^{ind_{g_1}g_2 \cdot ind_{g_2}a} \pmod{n}.$$

根据定理 6.3.1 可知，有

$$ind_{g_1}a \equiv ind_{g_1}g_2 \cdot ind_{g_2}a\left(\bmod \varphi(n)\right).$$

定理得证.

定理 6.3.5　对模 n 的任意原根 g，有 $\delta_n(a)=\dfrac{c}{(ind_g a,c)}$.

证明　由于 $\delta(g)=c$ 和 $a \equiv g^{ind_g a} \pmod{n}$，根据定理 6.1.6 可知，有

$$\delta_n(a)=\delta_n\left(g^{ind_g a}\right)=\frac{\delta_n(g)}{\left(\delta_n(g),ind_g a\right)}=\frac{c}{(ind_g a,c)}.$$ 定理得证.

定理 6.3.5 给出了次数与指标的关系，由于对模 $p^\alpha(p>2)$ 存在原根，因此实质上是解决简化剩余系的结构问题，但 $2^\alpha(\alpha \geqslant 3)$ 不存在原根，故需要引入指标组的概念.

定义 6.3.2　设 $n=2^\alpha(\alpha \geqslant 3)$，对任意的 a 满足 $(a,2)=1$，存在唯一的一对 (r_{-1},r_0) 使得 $a \equiv (-1)^{r_{-1}}5^{r_0} \pmod{2^\alpha}$ 成立，其中 $0 \leqslant r_{-1}<2$ 和 $0<r_0<2^{\alpha-2}$，称 (r_{-1},r_0) 是以 -1，5 为底的 a 对模 2^α 的指标组.

为了使定义 6.3.2 包含 α ≤ 2 的情形，引入记号 $C_{-1}=\begin{cases}1,\alpha=1\\2,\alpha \geqslant 2\end{cases}$ 和 $C_0=\begin{cases}1,\alpha=1\\2^{\alpha-2},\alpha \geqslant 2\end{cases}$，则有下面的定义.

定义 6.3.3　设 $n=2^\alpha(\alpha \geqslant 1)$，对任意的 a 满足 $(a,2)=1$，存在唯一的一对 (r_{-1},r_0) 使得 $a \equiv (-1)^{r_{-1}}5^{r_0} \pmod{2^\alpha}$ 成立，其中 $0 \leqslant r_{-1}<C_{-1}$ 和 $0<r_0<C_0$，称 (r_{-1},r_0) 是以 -1，5 为底的 a 对模 2^α 的指标组.

接下来是指标组的一些基本性质.

定理 6.3.6　$r_{-1} \equiv \dfrac{a-1}{2} \pmod{C_{-1}}$.

证明　当 $\alpha \geqslant 3$ 时，有 $C_{-1}=2$，由于 $5^{r_0}=1 \pmod 4$ 和 $-5^{r_0} \equiv -1 \pmod 4$，根据定义 6.3.5 中的 $a \equiv (-1)^{r-1}5^{r_0} \pmod{2^\alpha}$ 可知，当 $a \equiv 1 \pmod 4$ 时 $r_{-1}=0$，当 $a \equiv -1 \pmod 4$ 时 $r_{-1}=1$，此时 $r_{-1} \equiv \dfrac{a-1}{2} \pmod{C_{-1}}$ 成立，而当 $\alpha=1$ 时有 $C_{-1}=1$ 和 $C_0=1$，当 $\alpha=2$ 时有 $C_0=1$ 和 $C_{-1}=2$，此时 $r_{-1} \equiv \dfrac{a-1}{2} \pmod{C_{-1}}$

显然成立，定理得证.

定理 6.3.7　对任意的 r'_{-1} 和 r'_0，则 $(-1)^{r'_{-1}}5^{r'_0} \equiv a \pmod{2^\alpha}$ 与 $r'_{-1} \equiv r_{-1} \pmod{C_{-1}}, r'_0 \equiv r_0 \pmod{C_0}$ 等价.

证明　设 $\alpha \geqslant 2$，则 $C_{-1}=2$，由于 $(-1)^{r'_{-1}}5^{r'_0} \equiv a \pmod{2^\alpha}$，则根据定理 6.3.6 可知，有 $r'_{-1} \equiv r_{-1} \equiv \dfrac{a-1}{2} \pmod{C_{-1}}$，然后就得到 $5^{r'_0} \equiv 5^{r_0} \pmod{2^\alpha}$，又由于 $\delta_{2^\alpha}(5)=C_0$，故根据推论 2 可知，$\delta_{2^\alpha}(5) \mid (r'_0-r_0)$，，即得到 $r'_0 \equiv r_0 \pmod{C_0}$，定理得证.

定理 6.3.8 设 $(a_1a_2,2)=1$, 则有

$$r_{-1}(a_1a_2)\equiv r_{-1}(a_1)+r_{-1}(a_2)(\bmod C_{-1})$$

和

$$r_0(a_1a_2)\equiv r_0(a_1)+r_0(a_2)(\bmod C_0).$$

证明 设 $\alpha\geqslant 2$, 则 $C_{-2}=2$, 由于 $\dfrac{a_1a_2-1}{2}=\dfrac{1}{2}\left(1,+2\cdot\dfrac{a_1-1}{2}\right)\left(1+2\cdot\dfrac{a_2-1}{2}\right)$ 则有 $\dfrac{a_1a_2-1}{2}\equiv\dfrac{a_1-1}{2}+\dfrac{a_1-1}{2}(\bmod C_{-1})$, 根据定理 6.3.6 可知, 有

$$r_{-1}(a_1a_2)\equiv r_{-1}(a_1)+r_{-1}(a_2)(\bmod C_{-1}) .$$

又由于

$$\begin{cases} a_1a_2\equiv(-1)^{r_{-1}(a_1a_2)}5^{r_0(a_1a_2)}(\bmod 2^\alpha) \\ a_1\equiv(-1)^{r_{-1}(a_1)}5^{r_0(a_1)}(\bmod 2^\alpha) \\ a_2\equiv(-1)^{r_{-1}(a_2)}5^{r_0(a_2)}(\bmod 2^\alpha) \end{cases},$$

则有

$$(-1)^{r_1(a_1a_2)}5^{r_0(a_1a_2)}\equiv(-1)^{r_1(a_1)}5^{r_0(a_1)}\bullet(-1)^{r_1(a_2)}S^{r_0(a_2)}(\bmod 2^\alpha),$$

进而得到

$$5^{r_0(a_1a_2)}\equiv 5^{r_0(a_1)}\cdot 5^{r_0(a_2)}(\bmod 2^\alpha),$$

根据推论 2 可知,

$$\delta_{2^\alpha}(5)\mid r_0(a_1)+r_0(a_2)-r_0(a_1a_2),$$

最后根据 $\delta_{2^\alpha}(5)=C_0$ 可得

$$r_0(a_1a_2)\equiv r_0(a_1)+r_0(a_2)(\bmod C_0),$$

定理得证.

根据指标组的性质可知,对模 2^α 的指标组依赖于底的选取,上面的定理中取底为 -1 和 5,事实上只要任意一个 g_0 对模 2^α 的次数为 $2^{\alpha-2}$, 则 $-1,g_0$ 也构成 2^α 的一组基. 然后来证明一个重要的定理.

定理 6.3.9 设 $n=2^{\alpha_0}p_1^{\alpha_1}p_2^{\alpha_2}\cdots p_s^{\alpha_s}$ 且 $g_1,g_2,\cdots,g$ 分别为模 $p_1^{\alpha_1},p_2^{\alpha_2},\cdots,p_s^{\alpha_s}$ 的原根,则根据原根存在定理和模 $p(p\geqslant 2)$ 简化剩余系的改造中的定理 6.2.2(原根存在定理)可知,可以取 $g(1\leqslant i\leqslant s)$ 是 $p_i^{\alpha_i}(\alpha_i\geqslant 1)$ 的原根,则对任意给定的一组数 $(r^{-1},r^0,r^1,r^2,\cdots,r,)$ 必存在 a 满 $(a,n)=1$ 使得 a 对 2^{α_0} 的指标组为 (r_{-1},r_0) 和对 $p_i^{\alpha_i}$ 的指标为 r_i, 且当 $r_{-1},r_0,r_1,r_2,\cdots,r$ 分别通过 $C_{-1},C_0,C_1,C_2,\cdots,C_s$ 的完全剩余系时, a 通过 n 的简化剩余系,其中($0\leqslant r_{-1}<C_{-1}$, $0\leqslant r_0<C_0$ 和 $0\leqslant r_i<C_i=\varphi\left(p_i^{\alpha_i}\right)(1\leqslant i\leqslant s)$.

证明 根据孙子定理可知,有同余方程组

$$\begin{cases} x \equiv (-1)^{r_{-1}} 5^{r_0} \pmod{2^{\alpha_2}} \\ x \equiv g_1^{r_1} \pmod{p_1^{\alpha_1}} x \equiv g_2^{r_2} \pmod{p_2^{\alpha_2}} \\ \cdots \\ x \equiv g_s^{r_s} \pmod{p_s^{\alpha_s}} \end{cases}$$

对模 n 有唯一解 $x \equiv a(\bmod n)$，即为所求.

由于 $(a,n)=1$，根据定义 6.2.3 可知 a 满足要求，且只要 $r_{-1},r_0,r_1,r_2,\cdots,r$ 和 $r'_{-1},r'_0,r'_1,r'_2,\cdots,r'$ 对模 $C_{-1},C_0,C_1,C_2,\cdots,C_s$，两两不恒等同余，则对应的解 α 和 a' 必对模 n 不同余，于是当 $r_{-1},r_0,r_1,r_2,\cdots,r$ 分别通过 $C_{-1},C_0,C_1,C_2,\cdots,C_s$ 的完全剩余系时，对应的一共有 $C_{-1}C_0C_1C_2\cdots C=\varphi(n)$ 个 a 对模 n 两两不同余，故这 $\varphi(n)$ 个 a 构成一个简化剩余系.

反之若 a 通过 n 的简化剩余系，则不同的 a，a' 对应的 $r^{-1},r^0,r^1,r^2,\cdots,r$ 和 $r'_{-1},r'_0,r'_1,r'_2,\cdots,r'_s$，不可能使得同余方程

$r \equiv r'(\bmod C)$ 全部成立，其中 $-1 \leqslant i \leqslant s$，又由于 a 共有 $\varphi(n)=C_{-1}C_0C_1C_2\cdots C_s$ 个，而 r 最多能取 C 个值，因此一定会全部取到，即 r 通过 C 的完全剩余系，定理得证.

6.3.2 二项同余方程

设 $n=2^{\alpha_0}p_1^{\alpha_1}p_2^{\alpha_2}\cdots p_s^{\alpha_s}$ 且 $(a,n)=1$，当 $k \geqslant 1$，则有

$$x \equiv a(\bmod n) 与 \begin{cases} x^k \equiv a(\bmod 2^{2\alpha_1}) \\ x^k \equiv a(\bmod p_1^{\alpha_1}) \\ x^k \equiv a(\bmod p_2^{\alpha_2}) \\ \cdots \\ x^k \equiv a(\bmod p_s^{\alpha_s}) \end{cases} 等价，$$

故利用原根可以解上面的二项同余方程.

定理 6.3.10 设 $n \geqslant 1$ 且有原根 g，其中 $(a,n)=1, k \geqslant 1$，则有 $x \equiv a(\bmod n)$ 有解的充要条件为 $(k,\varphi(n)) \mid inda$ 且恰好有 $(k,\varphi(n))$ 个解.

证明 设 $x=g$ 和 $a=g^n$，则有 $x \equiv a(\bmod n)$ 和 $g \equiv g^n(\bmod n)$ 等价，然后根据推论 2 可知，有 $g \equiv g^n(\bmod n)$ 与 $ky \equiv inda(\bmod \varphi(n))$ 等价，有 $ky \equiv inda(\bmod \varphi(n))$ 有解的充要条件是 $(k,\varphi(n)) \mid$ inda 且恰有 $(k,\varphi(n))$ 个解.

定义 6.3.4 设 $k>1, n>1$ 且 $(a,n)=1$，若 $x \equiv a(\bmod n)$ 有解，则称 α 为模 n 的 k 次剩余.

定理 6.3.11 设 $k \geqslant 1, n>1$ 且 $(a,n)=1$，其中模 n 有原根，则 a 为模 n 的 k 次剩余的充要条件是 $a^{\frac{\varphi(n)}{(k,\varphi(n))}} \equiv 1(\bmod n)$ 且模 η 的 k 次剩余的个数为 $\frac{\varphi(n)}{(k,\varphi(n))}$.

证明 根据定理 6.3.9 可知，a 为模 n 的 k 次剩余的充要条件是 $(k,\varphi(n)) \mid inda$，而在模 n 的一个简化剩余系 $g^0,g^1,g^2,\cdots,g^{\varphi(n)-1}$ 中的指标能被 $(k,\varphi(n))$ 整除的个数恰有 $\frac{\varphi(n)}{(k,\varphi(n))}$

个. 下面证明 $\frac{\varphi(n)}{(k,\varphi(n))}\equiv 1(\bmod n)$ 成立，由于 $\frac{\varphi(n)}{(k,\varphi(n))}\equiv 1(\bmod n)$ 和 $\delta_n(a)\mid\frac{\varphi(n)}{(k,\varphi(n))}$ 等价，且根据定理 6.1.6 可知，有

$$\delta_n(a)=\delta_n(g^{inda})=\frac{\delta_n(g)}{(\delta_n(g),inda)}=\frac{\varphi(n)}{(\varphi(n),inda)},$$

故 $a^{\frac{\varphi(n)}{(k,\varphi(n))}}\equiv 1(\bmod n)$ 和 $\frac{\varphi(n)}{(inda,\varphi(n))}\mid\frac{\varphi(n)}{(k,\varphi(n))}$ 等价，因此等价于

$$\frac{\varphi(n)}{(k,\varphi(n))}=\lambda\cdot\frac{\varphi(n)}{(inda,\varphi(n))},$$

进而等价于

$$(k,\varphi(n))\mid(inda,\varphi(n)),$$

即等价于

$$(k,\varphi(n))\mid inda.$$

定理得证.

定理 6.3.12 设 $n=2^{\alpha}(a\geqslant 3)$，且 2 不整除 a 和 $a=(-1)^{r-1}5^{r_0}(\bmod 2^{\alpha})$，则二项同余方程 $x^k\equiv a(\bmod 2^{\alpha})$ 当 2 不整除 k 时恰有唯一解，当 $2\mid k$ 时有解的充要条件为 $T_{-1}=0$ 和 $(k,2^{\alpha-2})\mid r_0$，且恰有 $2(k,2^{\alpha-2})$ 个解.

证 明 设 $x=(-1)5(\bmod 2^{\alpha})$，则根据定理 6.3.7 可知，有 $x^k\equiv a(\bmod 2^{\alpha})$ 和 $(-1)^{ku}5^{kv}\equiv(-1)^{r_{-1}}5^{r_0}(\bmod 2^{\alpha})$ 等价，而当 $\alpha\geqslant 3$ 时，有 $C_1=2$ 和 $C_0=2^{\alpha-2}$，故

$$(-1)^{ku}5^{kv}\equiv(-1)^{r_{-1}}5^{r_0}(\bmod 2^{\alpha}))$$

和同余方程组

$$\begin{cases}ku\equiv r_{-1}(\bmod 2)\\ kv\equiv r_0(\bmod 2^{\alpha-2})\end{cases}$$

等价，因此当 $(k,2)=1$ 时 u，v 有唯一解，而当 $2|k$ 时，$r_{-1}=0$，此时 u 有两个解 0，1，且根据 $kv\equiv r_0(\bmod 2^{\alpha-2})$ 有解的充要条件为 $(k,2^{\alpha-2})\mid r_0$ 且有 $(k,2^{\alpha-2})$ 个解，故共有 $2(k,2^{\alpha-2})$ 个解，定理证毕.

例 6.3.1 解同余方程 $x^9\equiv 6(\bmod 7)$.

解：由于 $n=7,\varphi(7)=6$，原根 $g=3,$，再根据定义 6.3.3 可以得到 a 和对应的 $inda$.

表 6-3-1 a 和 $inda$

a	1	2	3
inda	6	2	1

令 $x=2y$ 则同余方程 $x^9\equiv 6(\bmod 7)$ 等价于 $3^9\equiv 3^3(\bmod 7)$，则 $3^9\equiv 3^3(\bmod 7)$ 又等价于 $9y\equiv 3(\bmod\varphi(7))$，故得到三个解 $y=1,3,5,$，进而得到对应的解为 $x\equiv 3,6,5(\bmod 7)$.

习题 6.3

1. 设 $g_i\left(i=1,2,\cdots,n\right)$ 是 $\varphi(m)$ 的一切不同的质因数，证明 g 是模 m 的一个原根的充要条件是 g 对模 m 的 $q_i\left(i=1,2,\cdots,n\right)$ 次非剩余.

2. 证明 10 是模 17 及模 257（质数）的原根，并由此证明把 $\frac{1}{17},\frac{1}{257}$ 化成循环小数时，循环节的长度分别是 16 及 256.

3. 试利用指标表解同余式 $x^{15}\equiv 14\left(\bmod 41\right)$.

4. 设模 m（$m>2$）的原根是存在的，试证对模 m 的任一原根来说，-1 的指标总是 $\frac{1}{2}(m)$.

5. 设 g,g_1 是模 m 的两个原根，试证：

（1）$ind_{g_1}g\cdot ind_g g_1\equiv 1\left(\bmod\left(m\right)\right)$;

（2）$ind_g a\equiv ind_g g_1\cdot ind_{g_1}a\left(\bmod\left(m\right)\right)$.

习题答案要点或提示

习题 1.1

1. 利用整除定义.

2. 两个奇数的平方和被 4 除余 2.

3.(1)$16\times17\times18\times19=93\,024$；

(2)$17\times19\times21=6\,783$；

(3)$14\times16\times18=4\,032$.

4. 均可用数学归纳法. 但用下面的一些变形技巧更易.

(1)$n(2n+1)(7n+1)=n(2n+1)(n+1)+n(2n+1)6n$

$=(n-1)n(n+1)+n(n+1)(n+2)+6n^2(2n+1)$；

(2)$3^{2n+1}+1=3\times(8+1)^n+1=3(8m+1)+1=4(6m+1)$；

(3)$(3n+1)\times7^n-1=(3n+1)\times(6+1)^n-1$

$=(3n+1)\times(6^2m+6n+1)-1=36m(3n+1)+18n^2+9n$；

(4)$m(m-1)(m-2)(3m-5)=(m+1)m(m-1)(m-2)+2m(m-1)(m-2)(m-3)$.

5. 关键步骤：

(1)$n^k-1=\{(n-1)+1\}^k-1=(n-1)^2m+k(n-1)$；

(2)$3^{n+1}+3^{n-1}+6^{2(n-1)}=3^{n-1}\times10+3^{n-1}\times(11+1)^{n-1}$

$=3^{n-1}\times10+3^{n-1}\times(11m+1)=3^{n-1}\times11(m+1)$；

(3)$12^{n+2}+13^{2n+1}=144\times12^n+13\times169^n=(157-13)\times12^n+13\times(157+12)^n$

$=157\times12^n-13\times12^n+13\times(157m+12^n)=157\times(12^n+13m)$.

6. $(mn+pq)-(mq+np)=(m-p)(n-q)$.

7. 假设 a_i 及 b 都是奇数，设 $a_i=2m_i+1, i=1,2,\cdots,n,\ b=2m+1$，则

$$(2m+1)^2=\sum_{i=1}^{n}(2m_i+1)^2, 4m(m+1)=4\sum_{i=1}^{n}m_i(m_i+1)+n-1.$$

由于 $8|4m(m+1)$，$8\left|4\sum_{i=1}^{n}m_i(m_i+1)\right.$，所以 $8|(n-1)$. 与已知矛盾.

8. 不能. 用奇偶分析法.

9. 设 $\dfrac{p}{q}\{p,q\in\mathbf{Z},(p,q)=1\}$ 为方程的有理根，代入方程并化方程为整式形式，仿例题即可.

10. 略.

11. 170.

12. 被 12 除余 5.

13. $30=4\times7+2$，$300=42\times7+6$，$3\,000=428\times7+4$，所以 30 在第 9 行第 3 列，300 在第 86 行第 4 列，3 000 在第 857 行第 7 列.

课外补充题 1.1

1. 设 $n=2k+1$，则 $n^2-1=(2k+1)^2-1=4k(k+1)$. 在 k 和 $k+1$ 中有一个是偶数，所以 $8|n^2-1$.

2. 若 a_1,a_2,a_3 都是奇数，则存在整数 A_1,A_2,A_3，使得 $a_1^2=8A_1+1$，$a_2^2=8A_2+1$，$a_3^2=8A_3+1$，于是 $a_1^2+a_2^2+a_3^2=8(A_1+A_2+A_3)+3$.

由于 1999 被 8 除的余数是 7，所以 a_1,a_2,a_3 不可能都是奇数.

由已知，a_1,a_2,a_3 中只能有一个奇数，设 a_1 为奇数，a_2,a_3 为偶数，则存在整数 A_1,A_2,A_3，使得 $a_1^2=8A_1+1$，$a_2^2=8A_2+r$，$a_3^2=8A_3+s$，于是 $a_1^2+a_2^2+a_3^2=8(A_1+A_2+A_3)+1+r+s$，其中 r 和 s 是整数，而且只能取值 0 或 4. 这样 $a_1^2+a_2^2+a_3^2$ 被 8 除的余数只可能是 1 或 5，但 1999 被 8 除的余数是 7，所以这样的 a_1,a_2,a_3 也不能使已知等式成立.

综上证得所需要的结论.

3. 在给定的连续 39 个自然数的前 20 个数中，存在两个自然数，它们的个位数字是 0，其中必有一个的十位数字不是 9，记这个数为 a，它的数字和为 s，则 a，$a+1$，…，$a+9$，$a+19$ 的数字和为 s，$s+1$，…，$s+9$，$s+10$，其中必有一个能被 11 整除.

4. $n^4+2n^3+11n^2+10n=n(n+1)(n^2+n+10)$，分别证明 $3|n(n+1)(n^2+n+10)$，$4|n(n+1)(n^2+n+10)$，即可.

5. 令 $a=3q_1+r_1$，$b=3q_2+r_2$，r_1，$r_2=0$，1 或 2，由 $3|a^2+b^2=3Q+r_1^2+r_2^2$ 知 $r_1=r_2=0$，即 $3|a$ 且 $3|b$.

6. 由于 a 不能被 3 整除，所以，$a=3k\pm1,k\in\mathbf{Z}$，则 $a^2=3m+1,m\in\mathbf{Z}$. 同理，$b^2=3n+1,n\in\mathbf{Z}$. 所以，$3\left|\left(a^2-b^2\right)\right.$.

又 a 不能被 2 整除，所以，$a=2k+1,k\in\mathbf{Z}$，则 $a^2=4k^2+4k+1=4k(k+1)+1=8m+1$，$m\in\mathbf{Z}$.

同理，$b^2=8n+1,n\in\mathbf{Z}$. 所以，$8\left|\left(a^2-b^2\right)\right.$.

所以，$24\left|\left(a^2-b^2\right)\right.$.

7.（1）即证 $2\left|a^r\left(a^{4k}-1\right),5\right|a^r\left(a^{4k}-1\right)$，只需证

$2\left|a^r(a+1)(a-1)\left(a^4+1\right),5\right|a^r(a+1)(a-1)\left(a^4+1\right)$.

（2）$m=2$.

8. 令 $(a-b)(a-c)(a-d)(b-c)(b-d)(c-d)=M$，只需证 $3|M,4|M$. 由于 a,b,c,d 四个数中，必有某两个被 3 除余数相同，所以 $3|M$；又若 a,b,c,d 四个数中，有某三个同奇偶，则这

三个数两两之差均为偶数，此时 $4|M$；若 a,b,c,d 四个数中，恰有二奇二偶，则这两对数两两之差均为偶数，此时有 $4|M$. 从而，$12|M$.

9. 对于给定的 n，存在正整数 k，使 $2^k \leqslant n < 2^{k+1}$. 记 P 为一切不大于 n 的正奇数的乘积，以 $2^k P$ 去乘 S 各项，则有

$$2^k PS = 2^k P\left(1+\frac{1}{2}+\frac{1}{3}+\cdots+\frac{1}{2^k}+\cdots+\frac{1}{n}\right)=\cdots+P+\cdots=P+2m.(m\in\mathbf{Z}).$$

这里，右端只有 $2^k P\cdot\frac{1}{2^k}=P$ 是奇数，其余各项都是偶数.

所以，$2^k PS$ 是奇数，即 S 不是整数.

习题 1.2

1. 2 027 是质数，其余不是.

2. 6 组.

3. $n(n+1)(n+2)(n+3)+1=\left[n(n+3)+1\right]^2$.

4. $p=6n\pm1$，当 $p=6n+1$ 时，$p+2$ 为合数，所以 $p=6n-1$.

5. 先进行因式分解. 注意：要分情况.

6.（1）$p=2$ 时，$8p^2+1=33$，不是质数；$p=3$ 时，$8p^2+1=73$，为质数；$p>3$ 时，$p=6k\pm1$，$8p^2+1=8(6k\pm1)^2+1=8(36k^2\pm12k+1)+1=3(96k^2\pm32k+3)$，不是质数. 所以，符合条件的质数只有 $p=3$.

（2）由于 $p>3$，所以 $p=6k\pm1$；若 $p=6k+1$，则 $2p+1=12k+3=3(4k+1)$ 不是质数，所以 $p=6k-1$，此时 $4p+1=24k-3=3(8k-1)$，必为合数.

7. 参照例 1.2.3.

课外补充题 1.2

1. 3,5; 5,7; 11,13; 17,19; 29,31; 41,43; 59,61; 71,73; 101,103; 107,109; 137,139; 149,151; 179,181; 191,193; 197,199; 227,229; 239,241; 269,271; 281,283; 311,313; 347,349; 419,421; 431,433; 461,463; 521,523; 569,571; 599,601; 617,619; 641,643; 659,661; 809,811; 821,823; 827,829; 857,859; 881,883.

2.（5,7,11,13）;（101,103,107,109）;（191,193,197,199）;（821,823,827,829）等.

3. 若不然，则 $n=2^m n_1$, $m\in\mathbf{N}$, 、$2\nmid n_1$, $n_1>1$, $2^{2^m n_1}+1=(2^{2^m}+1)Q$, $1<2^{2^m}+1<2^n+1$, 表明 2^n+1 是合数，矛盾.

4. 设 $p_1, p_2=d+p_1, p_3=2d+p_1$，首先 $p_1\neq2$ 且 d 是偶数，于是 $3\nmid d$，从而对任意给定的 d, p_1, p_2, p_3 中有且只有一个被 3 整除，即 p_1, p_2, p_3 有且只有一个等于 3，故 p_1, p_2, p_3 最多只有一组.

5. 证明：设连续的三个奇数依次为 $m, m+2, m+4, m\in\mathbf{Z}$.

令 $m=3q+r(0\leqslant r<3)$，当 $r=0$ 时，$3|m$；当 $r=1$ 时，$3|m+2$；当 $r=2$ 时，$3|m+4$.

6.(1)用反证法.

(2)若 m 为合数, $m=ab(2\leqslant a,b\leqslant m-1)$. 若 $a\neq b$, 则显然有 $m|(m-1)!$;若 $a=b$, 则 $1<a<2a<a^2=m\Rightarrow(a\cdot 2a)|(m-1)!$,同样有 $m|(m-1)!$.

反之,若 m 为质数,则 $(m,(m-1)!)=1$, 故 $m\nmid(m-1)!$.

7. 易知, $6\times20\pm1$, $6\times24\pm1$ 均为合数. 所以, $6(20\pm77k)\pm1,6(20\pm187k)\pm1(k\in\mathbf{Z})$ 以及 $6(24\pm55k)\pm1,6(24\pm65k)\pm1,6(24\pm319k)\pm1,6(24\pm377k)\pm1(k\in\mathbf{Z})$ 等均为合数.

8. 因 $a^4-3a^2+9=(a^2-3a+3)(a^2+3a+3)$, 当 $a=1,2$ 时, $a^2-3a+3=1$, $a^4-3a^2+9=a^2+3a+3=7,13$, a^4-3a^2+9 是素数;当 a^3 时, $a^2-3a+3>1$, $a^2+3a+3>1$, a^4-3a^2+9 是合数.

习题 1.3

1. 18;2 772;90;5 400.

2.(1) $(39n+5,26n+4)=(13n+1,26n+4)=(13n+1,2)=(n+1,2)=\begin{cases}2, & n=2k-1,k\in\mathbf{Z},\\ 1, & n=2k,k\in\mathbf{Z},\end{cases}$

(2) $(2^t-1,2^t+1)=(2^t-1,2)=(-1,2)=1$.

3. 30;42;70;105.

4.(1)23;(2)8;(3)68;(4)24;(5)41;(6)3.

5.(1) $4\times7\,740-9\times3\,420=180$;(2) $8\times96-3\times252=12$.

6.(1)(23,138)或(46,69);(2)(70,280)或(140,210);

(3)(12,1 080)或(24,540)或(60,216)或(108,120);

(4)(48,72).

7. 34,29 或 17,12.

8. 略.

9. $(b,ad+bc)=(b,ad)=1,(d,ad+bc)=(d,bc)=1,\Rightarrow(bd,ad+bc)=1$.

10.(1)8 号,9 号;(2)60 060.

11. 240 m. 此时,3 人分别跑了 4,5,6 圈.

课外补充题 1.3

1. 假设 $121|n^2+2n+12$,便有 $11^2|(n+1)^2+11$,(*)则 $11|(n+1)^2$,由于 11 是质数,故 $11|n+1$,从而, $11^2|(n+1)^2$. 再由(*)式,即得 $11^2|11$,矛盾. 故假设不成立.

注:这个习题的一般形式是:设 p 是素数, a,b 是整数,则 $p^k\nmid(an+b)^k+p^{k-1}c$,
其中, c 是不被 p 整除的任意整数, k 是任意的大于 1 的整数.

2. $9|(a-b)^2+3ab\Rightarrow3|(a-b)^2+3ab\Rightarrow3|(a-b)^2\Rightarrow3|a-b\Rightarrow9|(a-b)^2$.

由 $9|(a-b)^2+3ab$,得: $9|3ab\Rightarrow3|ab$. 因此, $3|a$ 或 $3|b$. 再结合 $3|a-b$,总有 $3|a$ 且 $3|b$. 故 $3|(a,b)$.

3. 由恒等式 $9(2x+3y)-2(9x+5y)=17y$ 及 $17|2x+3y$ 得 $17|2(9x+5y)$，又 $(17,2)=1$，故 $17|9x+5y$.

4. 设 a,b 是正整数，证明：$(a+b)[a,b]=a[b,a+b]$.

只需证 $(a+b)\dfrac{ab}{(a,b)}=a\dfrac{b(a+b)}{(b,a+b)}$，即只需证 $(b,a+b)=(a,b)$，此式显然.

5. 由于 $(m,n)=1$，所以存在整数 x, y，使得 $mx+ny=1$. 因此对于任意的自然数 k，有 $1+m(-x+kn)=n(km+y)$，这样，当 k 充分大时，总可找出正整数 x_0, y_0，使得 $1+mx_0=ny_0$.

上式说明，如果放 y_0 次（每次放 n 个），那么在使 m 个盒子中各放 x_0 个后，还多出一个硬币. 把这个硬币放入含硬币最少的盒子中（这是可以做到的），就使它与含有最多硬币的盒子所含硬币数量之差减少 1. 因此经过若干次放硬币后，必可使所有盒子中的硬币数目相同.

6. $(27\,090, 21\,672, 11\,352)=(4\,386, 10\,320, 11\,352)=(4\,386, 1\,548, 2\,580)=$
$(1\,290, 1\,548, 1\,032)=(258, 516, 1\,032)=(258, 0, 0)=258$.

7. 设除数为 d，余数为 r，则由

$d|4\,582-2\,836=1\,746$，$d|5\,164-4\,582=582$，$d|6\,522-5\,164=1\,358$，

知 $d|(1\,746, 582, 1\,358)=194$，由此得 $d=97$，$r=23$ 或 $d=194$，$r=120$.

8.（1）由于 $[a,b,c]=[[a,b],c]=\dfrac{[a,b]c}{([a,b],c)}=\dfrac{\frac{ab}{(a,b)}c}{\left(\frac{ab}{(a,b)},c\right)}=\dfrac{abc}{(ab,(a,b)c)}=\dfrac{abc}{(ab,ac,bc)}$，

所以，$[a,b,c](ab,bc,ca)=abc$.

（2）
$$\begin{aligned}(a,b)(b,c)(c,a)&=((a,b)b,(a,b)c)(c,a)=(ab,b^2,ac,bc)(c,a)\\&=(abc,a^2b,b^2c,b^2a,ac^2,a^2c,bc^2,bca)\\&=((abc,a^2b,b^2a),(b^2c,bc^2,abc),(a^2c,ac^2,abc))\\&=(ab(c,a,b),bc(b,c,a),ac(a,c,b))=(a,b,c)(ab,bc,ca).\end{aligned}$$

9.（1）关键：$10x+y=10(x-ny)+(10n+1)y$；

（2）关键：$10x+y=10(x+ny)-(10n-1)y$.

习题 1.4

1.（1）$2^{18}\times3^8\times5^4\times7^2\times11\times13\times17\times19$；（2）$3^3\times7\times11\times13\times37$.

2.（1）6；（2）1 080.

3. $180\times980\times990=210\times660\times1\,260=450\times616\times630=2^5\times3^4\times5^3\times7^2\times11$.

4. $a_{\min}=18\,000$.

5. $226\,895=1\,973\times5\times23$.

6. 设 b,c 的标准分解式分别为 $b=p_1^{\alpha_1}p_2^{\alpha_2}\cdots p_s^{\alpha_s}$，$c=q_1^{\beta_1}q_2^{\beta_2}\cdots q_t^{\beta_t}$，由于 $(b,c)=1$，所以 $\alpha_i\neq\beta_j\,(i=1,2,\cdots,s, j=1,2,\cdots,t)$. 因为 a 为平方数，所以 α_i，β_j 均为偶数，b,c 均为平方数.

课外补充题 1.4

1.（1）$51\,480=2^3\times3^2\times5\times11\times13$；（2）$22\,345\,680=2^4\times3\times5\times7\times47\times283$.

2. 记 $i=2^{\alpha_i}\lambda_i, 2\nmid\lambda_i, i=1, 2, \cdots, 2n$，则 λ_i 为 1, 2, …, $2n$ 中的奇数，即 λ_i 只能取 n 个数值，在 $n+1$ 个这样的数中，必存在 $\lambda_i=\lambda_j(i\neq j)$，于是易知 i 与 j 成倍数关系.

3. 设 $a=p_1^{\alpha_1}p_2^{\alpha_2}\cdots p_k^{\alpha_k},\ b=p_1^{\beta_1}p_2^{\beta_2}\cdots p_k^{\beta_k}$，令

$$a_2=p_1^{\gamma_1}p_2^{\gamma_2}\cdots p_k^{\gamma_k},\ \gamma_i=\begin{cases}\alpha_i, & \alpha_i\geqslant\beta_i\\ 0, & \alpha_i<\beta_i\end{cases},\quad a_1=\frac{a}{a_2},$$

$$b_2=p_1^{\delta_1}p_2^{\delta_2}\cdots p_k^{\delta_k},\ \delta_i=\begin{cases}0, & \alpha_i\geqslant\beta_i\\ \beta_i, & \alpha_i<\beta_i\end{cases},\quad b_1=\frac{b}{b_2},$$

则 a_1, a_2, b_1, b_2 使得 $a=a_1a_2, b=b_1b_2, (a_2, b_2)=1$，并且 $[a, b]=a_2b_2$.

4.（1）$a+b$ 有 17 种不同的值（不妨设 $a>b$）.

（2）有序数组 a,b,c 可取 $12,12,25k$ 或 $12,60,25k$ 或 $60,12,25k$ 或 $12,300,25k$ 或 $300,12,25k(k=1,2,3,4,6,12)$，所以，共有 30 组.

习题 1.5

1.（1）$-3, 3-\mathrm{e}$；（2）$-2, \dfrac{5-\sqrt{17}}{4}$；（3）$-5, \lg 3$；

（4）当 $\alpha\neq k\pi+\dfrac{\pi}{2}(k\in\mathbf{Z})$ 时，$[|\sin\alpha|]=0, \{|\sin\alpha|\}=|\sin\alpha|$；当 $\alpha=k\pi+\dfrac{\pi}{2}(k\in\mathbf{Z})$ 时，$[|\sin\alpha|]=1, \{|\sin\alpha|\}=0$.

2.（1）分 $n=2k$ 及 $n=2k+1$ 两种情形；（2）用定义.

3.（1）$x=0, 1.5$；（2）$x=1+t(0.5\leqslant t<1)$ 或 $x=2+t(0\leqslant t<0.5)$.

4. $35!=2^{32}\times3^{15}\times5^8\times7^5\times11^3\times13^2\times17^2\times19\times23\times29\times31$.

5.（1）506 个 0；（2）$k_{\max}=179$；（3）$\dfrac{25!}{30^{100}}=\dfrac{7^3\times11^2\times13\times17\times19\times23}{2^{78}\times3^{90}\times5^{94}}$.

6.（1）60, 38 440, 2 880；（2）270, 15 334 088, 829 440.

7.（1）24, 40, 56, 88, 54, 30, 42, 66, 78, 70；（2）48, 80, 112, 176, 162；（3）6, 11；（4）$a=k^2$ 或 $a=2k^2$.

8.（1）$\dfrac{91}{36}$；（2）$\dfrac{1\,521}{1\,013}$；（3）$\dfrac{s(n)}{n}$.

9. 31 个，$\dfrac{31}{2}$.

10. 13 500.

11. 关键：$\varphi(p^k)=p^k-p^{k-1}$.

12. 利用正整数的标准分解式易证.

13. 利用m与n的标准分解式易证.

课外补充题 1.5

1. $\left[\frac{12347}{7}\right]+\left[\frac{12347}{7^2}\right]+\left[\frac{12347}{7^3}\right]+\cdots=1\,763+251+35+5=2\,054.$

2. 设$x=n+a,n\in\mathbf{Z},0\leqslant a<1$,则$f(x)=[x]+[2x]+[2^2x]+[2^3x]+[2^4x]+[2^5x]=n+2n+2^2n+2^3n+2^4n+2^5n+[2a]+[2^2a]+[2^3a]+[2^4a]+[2^5a]$,由此得$63n\leqslant f(x)\leqslant 63n+1+3+7+15+31\leqslant 63n+57$,另一方面,12 345 为$63k+60$型,故$f(x)\neq 12\,345$.

3. 证明 1 只需证明$0\leqslant x<1$时等式成立(否则,可以将$[x]$移出去,两边可以抵消掉).

令$f(x)=[x]+\left[x+\frac{1}{n}\right]+\left[x+\frac{2}{n}\right]+\cdots+\left[x+\frac{n-1}{n}\right]-[nx]$,

则

$$\begin{aligned}f\left(x+\frac{1}{n}\right)&=\left[x+\frac{1}{n}\right]+\left[x+\frac{2}{n}\right]+\left[x+\frac{3}{n}\right]+\cdots+\left[x+\frac{n-1}{n}\right]+[x+1]-\left[n\left(x+\frac{1}{n}\right)\right]\\&=[x]+\left[x+\frac{1}{n}\right]+\left[x+\frac{2}{n}\right]+\left[x+\frac{3}{n}\right]+\cdots+\left[x+\frac{n-1}{n}\right]-[nx]=f(x).\end{aligned} \quad ①$$

由于当$0\leqslant x<\frac{1}{n}$时,$f(x)=0$. 故当$\frac{1}{n}\leqslant x<\frac{2}{n},\frac{2}{n}\leqslant x<\frac{3}{n},\cdots,\frac{n-1}{n}\leqslant x<1$时,都有$f(x)=0$. 即当$0\leqslant x<1$时厄米特恒等式成立. 从而,对一切$x\in\mathbf{R},n\in\mathbf{N}_+$,厄米特恒等式成立.

证明 2 由带余除法,有

$[nx]=nq+r,0\leqslant r<n,$

$nq+r\leqslant nx<nq+r+1,$

$q+\frac{r+i}{n}\leqslant x+\frac{i}{n}<q+\frac{r+1+i}{n},i=0,1,2,\cdots,n-1.$

当$i=0,1,2,\cdots,n-r-1$时,$0\leqslant\frac{r+i}{n}<\frac{r+1+i}{n}\leqslant\frac{r+1+n-r-1}{n}=1$, $\left[x+\frac{i}{n}\right]=q$;

当$i=n-r,\ n-r+1,\cdots,n-1$时,

$1\leqslant\frac{r+i}{n}<\frac{r+1+i}{n}\leqslant\frac{r+1+n-1}{n}<2$, $\left[x+\frac{i}{n}\right]=q+1$.

所以,

$$\begin{aligned}&[x]+\left[x+\frac{1}{n}\right]+\left[x+\frac{2}{n}\right]+\cdots+\left[x+\frac{n-1}{n}\right]\\&=\left([x]+\left[x+\frac{1}{n}\right]+\left[x+\frac{2}{n}\right]+\cdots+\left[x+\frac{n-r-1}{n}\right]\right)\\&+\left(\left[x+\frac{n-r}{n}\right]+\left[x+\frac{n-r+1}{n}\right]+\cdots+\left[x+\frac{n-1}{n}\right]\right)\\&=(n-r)q+r(q+1)\\&=nq+r\\&=[nx].\end{aligned}$$

当$n=2$时,厄米特恒等式为$[x]+\left[x+\frac{1}{2}\right]=[2x]$.

4. 略.

5.(1) $n=35,39,45,52,56,70,72,78,84,90$;（2）$n=128,192,160,136,85,204,240,170$;
（3）$n=2k+1(k\in\mathbf{Z})$;（4）$n=2^k$;（5）$n=2^k(k\in\mathbf{N})$或$n=2^{k_1}3^{k_2}(k_1,k_2\in\mathbf{N}_+)$.

习题 1.6

1. 1 010;10 100;10 001;1 100 100;101 011;11 111;1 011 111;111 111

2. 156;318;511;375

3. 如下表:

十进制	432	2 653	86	1 000
二进制	110 110 000	101 001 011 101	1 010 110	1 111 101 000
四进制	12 300	221 131	1 112	33 220
八进制	660	5 135	126	1 750
十六进制	1B0	A5D	56	3E8
三进制	121 000	10 122 021	10 012	1 101 001
九进制	530	3 567	105	1 331

课外补充题 1.6

1.(1) $1\,011\,010_{(2)}$;（2）$1\,010\,110_{(2)}$;（3）$1\,000\,001_{(2)}$;（4）$45\,505_{(8)}$;
（5）$400\,430_{(8)}$;（6）$\text{A}316_{(12)}$.

2. 略.

3. $k=25,\ m=1$或$k=21,\ m=5$.

4. $a=3,b=0,c=5$. 248.

5. 设$n=a_0+2a_1+2^2a_2+\cdots+2^sa_s,a_i=0$或1,则

$$h=\left[\frac{n}{2}\right]+\left[\frac{n}{2^2}\right]+\left[\frac{n}{2^3}\right]+\cdots$$
$$=(a_1+2a_2+2^2a_3+\cdots+2^{s-1}a_s)+(a_2+2a_3+\cdots+2^{s-2}a_s)+\cdots+a_s$$
$$=(2-1)a_1+(2^2-1)a_2+\cdots+(2^s-1)a_s$$
$$=(a_0+2a_1+2^2a_2+\cdots+2^sa_s)-(a_0+a_1+a_2+\cdots+a_s)=n-k.$$

习题 2.1

1. 利用定义.

2. 略.

3.(1) $m=3,5,15$;(2) $m=37$;(3) $m=5,11,55$;(4) $m=3,5,15,17,51,85,255$.

4. 关键:$p=6k\pm1,\ p^2-1=12k(3k\pm1)$.

5. 分别证：$10\left|\left(6^{2n}-5^{2n}-11\right),3\right|\left(6^{2n}-5^{2n}-11\right),11\left|\left(6^{2n}-5^{2n}-11\right)\right.$.

6. $70!\equiv 61!\times 70\times 69\times\cdots\times 62\equiv 61!(-1)\times(-2)\times\cdots\times(-9)\equiv -61!\times 70\equiv 61!(\bmod 71)$.

7.(1)9;

(2)25.

8. $(n+1)^3-n^3=3n^2+3n+1$, 当 $n\equiv 0,\pm1,\pm2(\bmod 5)$时，它对模 5 都不同余 0.

课外补充题 2.1

1. 因为 $8^2\equiv -1(\bmod 13)$，所以 $8^{1\,234}=(8^2)^{617}\equiv(-1)^{617}\equiv -1\equiv 12(\bmod 13)$，即 $8^{1\,234}$ 被 13 除的余数是 12.

2. $4^{2n+1}+3^{n+2}=4\times 16^n+9\times 3^n$

$\equiv 4\times 3^n+9\times 3^n=13\times 3^n\equiv 0(\bmod 13)$ 得证.

3. $(257^{33}+46)^{26}\equiv(7^{33}-4)^{26}=[7\times(7^2)^{16}-4]^{26}$

$\equiv[7\times(-1)^{16}-4]^{26}=(7-4)^{26}$

$\equiv 3^{26}=3\times(3^5)^5\equiv 3\times(-7)^5=-3\times 7\times(7^2)^2$

$\equiv -21\equiv 29(\bmod 50)$,

即所求的余数是 29.

4. $7^1\equiv -3, 7^2\equiv -1, 7^4\equiv 1(\bmod 10)$,

由于 $7^7\equiv(-1)^7\equiv -1\equiv 3(\bmod 4)$，所以由式(2)得到

$n=7^{7^7}\equiv 7^3\equiv(-3)^3\equiv -7\equiv 3(\bmod 10)$,

即 n 的个位数是 3.

5. $2^2\equiv 4, 2^4\equiv 16, 2^8\equiv 256, 2^{16}\equiv 154, 2^{32}\equiv -1(\bmod 641)$.

因此 $2^{2^5}+1\equiv 0(\bmod 641)$,

即 $641\mid 2^{2^5}+1$.

6. 对任意的整数 x，$x\equiv r(\bmod m)$，$1\leqslant r\leqslant m$，于是 $f(x)\equiv f(r)\not\equiv 0(\bmod m)$，从而 $f(x)\neq 0$，所以方程 $f(x)=0$ 没有整数解.

习题 2.2

1. 6 个.

2. $x=y=4$，此 8 位数被 7 除余 1.

3. 102 384，被 11 除余 7.

4. 设矩形框住的 9 个数中位于中央位置的数为 a，则这 9 个数的和为 $9a$，且 a 不在边上. 所以，和为 2020、2025 均不行，和为 2043 可以，且最大数为 235，最小数为 219.

课外补充题 2.2

1. A 除以 16，125，9，11 的余数分别为 11，24，0，4.

2. 可以参照被 1 001 整除的判别法，4 553 294 被 101 除的余数为 12.

3. 396=4×9×11,易知,无论怎么填,这个 28 位数总能被 4,9,11 整除,故总能被 396 整除. 故共有 10! =3 628 800 个.

4.123 654 或 321 654.

习题 2.3

1. 略.

2.(1)(2)略;(3)当模 m 为奇数时,其完全剩余系的每个元素的奇偶性都可以任意选择;当模 m 为偶数时,其完全剩余系中奇数、偶数各占一半.

3.(1)关键:$\sum_{i=1}^{m} a_i \equiv \sum_{i=1}^{m} b_i \equiv 1+2+\cdots+m(\bmod m)$;(2)略.

4.(1)略; (2)设集合 $\{x_1,x_2,\cdots,x_m\}$ 为模 m 的一个完全剩余系,由 $(a,m)=1$, 故对 $\forall r\in\{0,1,\cdots,a-1\}$,集合 $\{ax_1+r,ax_2+r,\cdots,ax_m+r\}$ 也为模 m 的一个完全剩余系,故模 m 的完全剩余系中所有元素均可以换为属于模 a 的某个剩余类的元素.

5.(1) $[3]_4=[3]_{20}\cup[7]_{20}\cup[11]_{20}\cup[15]_{20}\cup[19]_{20}$;

(2) $[r]_m=[r]_{km}\cup[r+m]_{km}\cup\cdots\cup[r+(k-1)m]_{km}$.

6. 略.

7. 关键:$(m-1)^2-1^2=m^2-2m$ 能被 m 整除.

课外补充题 2.3

1. 因为 $\{1, 2, \cdots, m\}$ 与 $\{a_1, a_2, \cdots, a_m\}$ 都是模 m 的完全剩余系,所以

$$\sum_{i=1}^{m} a_i \equiv \sum_{i=1}^{m} i = \frac{m(m+1)}{2} \equiv \frac{m}{2} (\bmod m).$$

同理,$\sum_{i=1}^{m} b_i \equiv \frac{m}{2} (\bmod m)$.

从而,$\sum_{i=1}^{m}(a_i+b_i) \equiv \frac{m}{2}+\frac{m}{2} \equiv m \equiv 0(\bmod m)$.

所以,$\{a_1+b_1, a_2+b_2, \cdots, a_m+b_m\}$ 不能是模 m 的完全剩余系.

2. 显然 mn 与 $[m, n]$ 有相同的素因数,设它们是 $p_i(1\leqslant i\leqslant k)$,则

$$\varphi(mn)=mn\left(1-\frac{1}{p_1}\right)\left(1-\frac{1}{p_2}\right)\cdots\left(1-\frac{1}{p_k}\right),$$

$$\varphi([m,n])=[m,n]\left(1-\frac{1}{p_1}\right)\left(1-\frac{1}{p_2}\right)\cdots\left(1-\frac{1}{p_k}\right)。$$

由此两式及 $mn=(m, n)[m, n]$ 即可得证.

3. 先证必要性:

当 $p=2,3$ 时,结论显然. 下设 $p>3$,

设 $r\in\{2,3,\cdots,p-2\}$,则集合 $\{r,2r,3r,\cdots,(p-1)r\}$ 必为模 p 的一个简化剩余系,所以,必

存在唯一的 $s\in\{1,2,3,\cdots,p-1\}$ 使 $sr\equiv 1(\mathrm{mod}\ p)$. 但 $s\neq 1, s\neq p-1$（为什么？）且 $s\neq r$（否则，$r^2\equiv 1(\mathrm{mod}\ p), p\mid(r+1)(r-1)$ 但 $2\leqslant r\leqslant p-2$, 矛盾）.

又 $sr=rs$ 所以，r,s 必成对出现，故 2, 3, …, $p-2$ 这 $p-3$ 个数可分为 $\frac{p-3}{2}$ 对，每一对的乘积都对模 p 同余 1，从而，$2\cdot 3\cdots\cdots(p-2)\equiv 1(\mathrm{mod}\ p)$ 故 $(p-1)!\equiv -1(\mathrm{mod}\ p)$.

再证充分性：若 p 为合数，则 p 有真因数 d，$d|(p-1)!$，又 $(p-1)!\equiv -1(\mathrm{mod}\ p)$，所以，$d|1$ 矛盾. 故 p 为质数.

4. 由威尔逊定理知 $-1\equiv(2p)!=p!(p+1)\cdots(2p)\equiv(-1)^p(p!)^2(\mathrm{mod}\ 2p+1)$，由此得 $(p!)^2+(-1)^p\equiv 0(\mathrm{mod}\ 2p+1)$.

5. 由 $(p-1)!\equiv p-1(\mathrm{mod}\ p)$，$(p-1)!\equiv p-1(\mathrm{mod}\ p-1)$ 以及 $(p,p-1)=1$ 得 $(p-1)!\equiv p-1(\mathrm{mod}\ p(p-1))$，又 $2N=p(p-1)$，故 $(p-1)!\equiv p-1(\mathrm{mod}\ N)$.

6. (1) 当 $n=1$ 时显然；当 $n=2^\alpha$ 时，$\varphi(2^\alpha)=2^{\alpha-1}>\frac{1}{2}\sqrt{2^\alpha}(\alpha\geqslant 1)$；当 $n=p^\alpha$，p 为奇素数时，$\varphi(p^a)=p^a-p^{a-1}>\sqrt{p^\alpha}(a\geqslant 1)$；现在设 $n=2^\alpha p_1^{\alpha_1}\cdots p_k^{\alpha_k}$，则 $\varphi(n)=\varphi(2^\alpha)\varphi(p_1^{\alpha_1})\cdots\varphi(p_k^{\alpha_k})$ $>\frac{1}{2}\sqrt{2^\alpha}\sqrt{p_1^{\alpha_1}}\cdots\sqrt{p_k^{\alpha_k}}=\frac{1}{2}\sqrt{n}$.

(2) 设 n 是合数，p_0 为 n 的最小素因数，则 $p_0\leqslant\sqrt{n}$，于是

$$\varphi(n)=n\prod_{p|n}\left(1-\frac{1}{p}\right)\leqslant n\left(1-\frac{1}{p_0}\right)\leqslant n\left(1-\frac{1}{\sqrt{n}}\right)=n-\sqrt{n}.$$

习题 2.4

1. 再过 10^{365} 天是星期六.

2. 余数为 13. 关键：$13^4\equiv(-11)^2\equiv 121\equiv 1(\mathrm{mod}\ 60)$.

3. 由于 $(a,2\,730)=(a,2\times3\times5\times7\times13)=1$，由欧拉定理，有

$a\equiv 1(\mathrm{mod}\ 2), a^2\equiv 1(\mathrm{mod}\ 3), a^4\equiv 1(\mathrm{mod}\ 5), a^6\equiv 1(\mathrm{mod}\ 7), a^{12}\equiv 1(\mathrm{mod}\ 13)$.

从而，$a^{12}\equiv 1(\mathrm{mod}\ 2\times3\times5\times7\times13)$，即 $a^{12}\equiv 1(\mathrm{mod}\ 2\,730)$.

同理，$b^{12}\equiv 1(\mathrm{mod}\ 2\,730)$. 故 $2\,730\big|(a^{12}-b^{12})$.

4. 当 $7|ab$ 时，显然有 $7\big|ab(a^6-b^6)$；当 $7\nmid ab$ 时，则有 $a^6\equiv 1\equiv b^6(\mathrm{mod}\ 7)$，所以 $7\big|ab(a^6-b^6)$. 同理，$3\big|ab(a^6-b^6)$，$2\big|ab(a^6-b^6)$. 故 $42\big|ab(a^6-b^6)$.

5. 仿题 3 和题 4.

6. 类似于前面诸题，易知 $3|p^2-1$，$5|p^4-1$，又 $p-1$ 与 $p+1$ 是两个连续的偶数，所以 $8|(p-1)(p+1)$，又 $2|(p^2+1)$，所以 $16|p^4-1$，而 $240=3\times5\times16$，所以 $240|p^4-1$.

7. 利用费马小定理易证.

8. (1) 略. (2) 由于 p, q 均为奇质数，且 $(p-1)^{q-1}\equiv 1(\mathrm{mod}\ q)$，$(p-1)^{q-1}\equiv 1(\mathrm{mod}\ p)$，所以 $(p-1)^{q-1}\equiv 1(\mathrm{mod}\ pq)$. 同理 $(q-1)^{p-1}\equiv 1(\mathrm{mod}\ pq)$. 从而 $(p-1)^{q-1}\equiv(q-1)^{p-1}(\mathrm{mod}\ pq)$.

9. 由 $(m,n)=1$，知 $m^{\varphi(n)}\equiv 1(\mathrm{mod}\ n)$，又 $n^{\varphi(m)}\equiv 0(\mathrm{mod}\ n)$，所以 $m^{\varphi(n)}+n^{\varphi(m)}\equiv 1(\mathrm{mod}\ n)$. 同

理，$m^{\varphi(n)}+n^{\varphi(m)}\equiv 1(\bmod m)$. 由于 $(m,n)=1$，故有 $m^{\varphi(n)}+n^{\varphi(m)}\equiv 1(\bmod mn)$.

课外补充题 2.4

1. 由于 $12\,371\equiv 221\equiv -22(\bmod 243)$，而 $(-22,243)=1$，所以，

$(-22)^{\varphi(243)}=(-22)^{162}\equiv 22^{162}\equiv 1(\bmod 243)$.

故 $12\,371^{170}\equiv(-22)^{170}\equiv 22^{8}\equiv(22^{2})^{4}\equiv(-2)^{4}\equiv 16(\bmod 243)$.

所以，$(12\,371^{170}+34)^{28}\equiv(16+34)^{28}\equiv 50^{28}(\bmod 243)$.

又 $50^{2}\equiv 70(\bmod 243), 50^{4}\equiv 40(\bmod 243), 50^{8}\equiv 142(\bmod 243), 50^{16}\equiv -5(\bmod 243)$，

故 $50^{28}=50^{16}\times 50^{8}\times 50^{4}\equiv -5\times 142\times 40\equiv 31(\bmod 243)$. 即余数为 31.

2. 当 $p=3$ 时结论显然.

当 $p>3$ 时，$p=6k\pm 1, k\in\mathbf{N}_{+}$. 由于 $2^{\varphi(9)}=2^{6}\equiv 1(\bmod 9)$，所以，

当 $p=6k-1$ 时，$2^{p-1}(2^{p}-1)=2^{6(k-1)+4}(2^{6(k-1)+5}-1)\equiv 2^{4}(2^{5}-1)\equiv 7\times 4\equiv 1(\bmod 9)$.

当 $p=6k+1$ 时，$2^{p-1}(2^{p}-1)=2^{6k}(2^{6k+1}-1)\equiv(2-1)\equiv 1(\bmod 9)$.

综上，结论成立.

3. $\varphi(49)=42$，故 $6^{42}\equiv 1(\bmod 49)$，$8^{42}\equiv 1(\bmod 49)$.

再由 $6^{42}\equiv 1\equiv -48(\bmod 49)$，得 $6^{41}\equiv -8(\bmod 49)$. 类似地，$8^{41}\equiv -6(\bmod 49)$.

于是，$6^{83}+8^{83}\equiv 6^{42}\times 6^{41}+8^{42}\times 8^{41}\equiv -8-6\equiv 35(\bmod 49)$，

故 $6^{83}+8^{83}$ 除以 49 的余数是 35.

4. $\varphi(100)=40$，所以，$3^{2\,025}\equiv 3^{40\times 50+25}\equiv 3^{25}(\bmod 100)$.

因为 $\varphi(4)=2$，所以，$3^{25}\equiv 3^{2\times 12+1}\equiv 3(\bmod 4)$.

因为 $\varphi(25)=20$，$3^{25}\equiv 3^{20}\times 3^{5}\equiv 243\equiv 18(\bmod 25)$.

则 $3^{25}\equiv 43(\bmod 100)$.

5. 易知，$\left\{\frac{A}{r_1},\frac{A}{r_2},\cdots,\frac{A}{r_{\varphi(m)}}\right\}$ 也为模 m 的一个简化剩余系，

于是，$\frac{A}{r_1}\frac{A}{r_2}\cdots\frac{A}{r_{\varphi(m)}}\equiv r_1r_2\cdots r_{\varphi(m)}(\bmod m)$，$A^{\varphi(m)}=A^{2}$.

显然，$(A,m)=1$，所以，$A^{\varphi(m)}\equiv 1$，从而，$A^{2}\equiv 1$.

6.(1)对模 11，有如下类似结果：

$10!\times 0!\equiv -1(\bmod 11)$，$9!\times 1!\equiv 1(\bmod 11)$，$\cdots$，$6!\times 4!\equiv -1(\bmod 11)$，$5!\times 5!\equiv 1(\bmod 11)$.

(2)猜想：对质数 p，有 $(p-k)!\cdot(k-1)!\equiv(-1)^{k}(\bmod p)\left(k=1,2,\cdots,\frac{p+1}{2}\right)$.

用数学归纳法证明. 关键步骤：假设 $k=m\left(m\in\left\{1,2,\cdots,\frac{p-1}{2}\right\}\right)$ 时结论成立，即

$$(p-m)!\cdot(m-1)!\equiv(-1)^{m}(\bmod p),$$

则有

$$(p-m-1)!\cdot m! \equiv m\cdot(p-m-1)!\cdot(m-1)! \equiv -(p-m)\cdot(p-m-1)!\cdot(m-1)!$$

$$\equiv(-1)(p-m)!\cdot(m-1)! \equiv (-1)^{m+1}\pmod p.$$

即 $k=m+1$ 时结论也成立.

习题 2.5

1.(1)不循环部分 0.202,循环节 0020,可表示为 $0.202\,\dot{0}02\,\dot{0}$;

(2)没有不循环部分,循环节 110111011110111101,可表示为 $0.\dot{1}10\,111\,011\,110\,111\,10\dot{1}$;

(3)没有不循环部分,循环节 73733,可表示为 $6.\dot{7}37\,3\dot{3}$;

(4)不循环部分 0 .1,循环节 162,可表示为 $5.1\dot{1}6\,\dot{2}$.

2. $\frac{23}{1\,600}$ 是有限小数,共 6 位小数,0.014 375;

$\frac{8}{17}$ 是纯循环小数,循环节的长度为 16, $0.\dot{4}70\,588\,235\,294\,117\,\dot{6}$;

$\frac{16}{35}$ 是混循环小数,循环节的长度为 6, $0.4\dot{5}7\,142\,\dot{8}$;

$\frac{313}{625}$ 是有限小数,共 4 位小数,0.500 8;

$\frac{121}{370}$ 是混循环小数,循环节的长度为 3, $0.3\dot{2}7\,\dot{0}$;

$\frac{73}{11}$ 是纯循环小数,循环节的长度为 2, $6.\dot{6}\dot{3}$.

3. 略.

4. $\frac{43}{1\,000},\frac{167}{200},\frac{8}{11},\frac{512}{909},\frac{49}{90},\frac{719}{1\,650}$.

5.(1) $0.\dot{4}\dot{5}$,5;(2) $0.\dot{5}9\dot{2}$, 9.

6. $4\frac{7}{11}$.

7. 0.1.

课外补充题 2.5

1. 37.

2. $0.12\dot{3}456\dot{7}$.

3. $\frac{21}{37}$, $0.\dot{a}b\dot{c}=0.\dot{5}6\dot{7}$.

4.(1) $2.718\dot{2}8\dot{1}$; (2) $3.14\dot{9}152\dot{6}$.

5. $a=244$.

6. $a=5$.

习题 3.1

1.（1）5 个解；（2）1 个解；（3）无解；（4）1 个解；（5）1 个解；（6）4 个解.

2.（1）$x\equiv 3\pmod 7$ 与 $x\equiv 3+7t\pmod{35}, t=0,1,2,3,4$.

对应的整数集合为 $\{x|x=7k+3, k\in\mathbf{Z}\}=\{\cdots,-11,-4,3,10,17,24,\cdots\}$;

（2）$x\equiv 2\pmod 4$ 与 $x\equiv 2+4t\pmod{16}, t=0,1,2,3$.

对应的整数集合为 $\{x|x=4k+2, k\in\mathbf{Z}\}=\{\cdots,\pm2,\pm6,\pm10,\pm14,\cdots\}$.

3.（1）$x\equiv 8\pmod{12}$；（2）$x\equiv 27\pmod{31}$；（3）$x\equiv 40\pmod{47}$;

（4）$x\equiv 5\pmod{12}$；（5）$x\equiv 26\pmod{31}$；（6）$x\equiv 44\pmod{97}$.

4.（1）$x\equiv 2+5k\pmod{30}\ (k=0,1,2,3,4,5)$；（2）$x\equiv 6,17,28\pmod{33}$;

（3）$x\equiv 1+5k\pmod{25}\ (k=0,1,2,3,4)$；（4）$x\equiv 1+4k\pmod{60}\ (k=0,1,\cdots,14)$;

（5）$x\equiv 2+5k\pmod{45}\ (k=0,1,2,\cdots,8)$；（6）$x\equiv 1+2k\pmod{16}\ (k=0,1,2,\cdots,7)$.

课外补充题 3.1

1. $x\equiv 114\pmod{161}$.

2. $-3x^3+3x^2-2x+2\equiv 0\pmod 7$.

用 $x=0,\pm1,\pm2,\pm3$ 逐个代入验证，得到它的解是

$x_1\equiv 1, x_2\equiv 2, x_3\equiv -2\pmod 7$.

3. 因为 $(2,12)=2$，$(2,7)=1$，故同余方程有唯一解，先解同余方程 $7y\equiv 5\pmod 2$，得 $y\equiv 1\pmod 2$，写成 $y\equiv 1+2t\pmod{12}$，$t=0,1,2,\cdots,5$，对于固定的 t，解同余方程 $2x\equiv 5-7(1+2t)\equiv -2-2t\pmod{12}$，得 $x\equiv -1-t\pmod 6$，写成 $x\equiv -1-t+6s\pmod{12}$，$s=0,1$，故原方程组的解为 $x\equiv -1-t+6s\pmod{12}$，$y\equiv 1+2t\pmod{12}$，$s=0,1$，$t=0,1,2,\cdots,5$.

习题 3.2

1.（1）$x\equiv 786\pmod{1\,260}$；（2）无解；（3）无解；（4）$x\equiv 1\,284\pmod{1\,800}$.

2.（1）$x\equiv 31\pmod{1\,800}$；（2）$x\equiv 4\,602\pmod{5\,400}$.

课外补充题 3.2

1.（1）$x\equiv 4\pmod 7$, $y\equiv 2\pmod 7$；（2）$x\equiv 11\pmod{47}$, $y\equiv 1\pmod{47}$.

2. 设相邻的 4 个正整数中最小的一个为 x，则有：

$$\begin{cases} x \equiv 0 \pmod{4} \\ x \equiv -1 \pmod{9} \\ x \equiv -2 \pmod{25} \\ x \equiv -3 \pmod{49} \end{cases}.$$

解得：$x \equiv 29\ 348 \pmod{44\ 100}$.

故所求的 4 个数依次为 29 348,29 349,29 350,29 351.

3. 先解同余方程组$\begin{cases} x \equiv 1 \pmod{2} \\ x \equiv -1 \pmod{3} \\ x \equiv 1 \pmod{5} \end{cases}$，得 $x \equiv 11 \pmod{30}$.

从而可得模 7 的一个完全剩余系：{11,41,71,101,131,161,191}.

4. 设乙说出的 3 个余数分别为 a,b,c，解同余方程组$\begin{cases} x \equiv a \pmod{7} \\ x \equiv b \pmod{11} \\ x \equiv c \pmod{13} \end{cases}$，得：$x \equiv 715a + 364b - 77c \pmod{1\ 001}$．甲的算法为 $715a + 364b - 77c - 1\ 001k\ (k \in \mathbf{N})$.

（k的选取须保证计算结果为小于 1 000 的正数）

习题 4.1

1.（1）无；（2）有；（3）有；（4）有.

2.（1）$\begin{cases} x = 2 + 5t \\ y = 20 - 3t \end{cases} (t \in \mathbf{Z})$；（2）$\begin{cases} x = 8 + 15t \\ y = -7 - 17t \end{cases} (t \in \mathbf{Z})$；

（3）$\begin{cases} x = 14 + 3t \\ y = 10 - 11t \end{cases} (t \in \mathbf{Z})$；（4）$\begin{cases} x = -8 + 107t \\ y = 3 - 37t \end{cases} (t \in \mathbf{Z})$.

3. 略.

4. 卡车 4 辆，货车 12 辆或卡车 9 辆，货车 4 辆.

课外补充题 4.1

1.（1）(3,4)．（2）(6,15)，(13,12)，(20,9)，(27,6)，(34,3)，

（3）$(4+5t, 9+14t), t \in \mathbf{N}$．（4）$(2+15t, 1+11t), t \in \mathbf{N}$.

2. 二元一次不定方程 $ax + by = n$ 的一切整数解为$\begin{cases} x = x_0 - bt \\ y = y_0 + at \end{cases}, t \in \mathbf{Z}$，于是由 $x \geqslant 0$，$y \geqslant 0$ 得 $-\dfrac{y_0}{a} \leqslant t \leqslant \dfrac{x_0}{b}$，但区间$\left[-\dfrac{y_0}{a}, \dfrac{x_0}{b}\right]$的长度是 $\dfrac{n}{ab}$，故此区间内的整数个数为$\left[\dfrac{n}{ab}\right]$或$\left[\dfrac{n}{ab}\right]+1$.

3. 设甲、乙班的学生每人分别得 x，y 支铅笔，则 $7x + 11y = 100$，解这个不定方程得 $x = 8, y = 4$.

4. 里程碑上标示的数字分别为 27，72，207. 车速 45 km/h.

习题 4.2

1.（1）$\begin{cases} x=2+3u+2v \\ y=1+u+3v \\ z=1-u \end{cases}(u,v\in \mathbf{Z})$；（2）无解；（3）$\begin{cases} x=1+u+3v \\ y=1-u+2v \\ z=1-u \end{cases}(u,v\in \mathbf{Z})$；

（4）$\begin{cases} x=-1-4u+2v \\ y=\ \ 1+4u-\ v \\ z=\ \ 1-\ u \end{cases}(u,v\in \mathbf{Z})$；（5）$\begin{cases} x=3+7t \\ y=44t \\ z=-1+13t \end{cases}(t\in \mathbf{Z})$；（6）$\begin{cases} x=10+19t \\ y=-4-15t \\ z=-4-16t \end{cases}(t\in \mathbf{Z})$.

2. $k=210,420,630,840$ 时，方程有整数解.

3. 设 $\dfrac{41}{30}=\dfrac{1}{2}+\dfrac{x}{3}+\dfrac{y}{5}$，则 $5x+3y=13$.

易得其唯一正整数解：$x=2,y=1$，因此，$\dfrac{41}{30}=\dfrac{1}{2}+\dfrac{2}{3}+\dfrac{1}{5}$.

4. 共有 5 种截法.（1，4，2），（4，2，2），（2，6，1），（5，4，1），（8，2，1）.

课外补充题 4.2

1.（1）（1，1，4），（4，2，1）；（2）（1，4，1），（3，3，1），（5，2，1），（7，1，1）；（3）（1，8，22），（2，6，23），（3，4，24），（4，2，25）；（4）（5，15，40）.

2. $\dfrac{181}{180}=\dfrac{1}{4}+\dfrac{1}{5}+\dfrac{5}{9}$.

3. 设买甲物 x 斤，乙物 y 斤，丙物 z 斤，则 $\begin{cases} x+y+z=100 \\ 4x+2y+\dfrac{1}{2}z=100 \end{cases}$.

消去 z，得到 $7x+3y=100$. 解得 $\begin{cases} x=1+3t \\ y=31-7t \end{cases}(t\in \mathbf{Z})$.

因为 $x\geqslant 0$，$y\geqslant 0$，所以 $0\leqslant t\leqslant 4$.

依次取 $t=0,1,2,3,4$，可得以下 5 组解：（1，31，68），（4，24，72），（7，17，76），（10，10，80），（13，3，84）.

4. 共有 7 种付法.（1，1，5，1），（1，1，4，3），（1，1，3，5），（1，1，2，7），（1，1，1，9），（1，2，1，4），（1，2，2，2）.

习题 4.3

1. 利用勾股数组的一般形式.

2. 共 8 组：（3，4，5），（8，15，17），（12，35，37），（5，12，13），（20，21，29），（28，45，53），（7，24，25），（9，40，41）.

3.（1）三边长组合分别为（105，5512，5513），或（105，608，617），或（105，208，233），或

(105,88,137);

(2)另两边长为 12 和 16;或 21 和 29;或 48 和 52;或 99 和 101;

(3)略.

课外补充题 4.3

1.(1)(9,10),(4,6),(2,5); (2)(29,19),(5,1);

(3)(1,17),(2,3); (4)(7,4),(7,10),(5,10).

2. $x=8,16$.

3.(2,59,2),(11,2,23).

习题 5.1

1.(1)$\frac{140}{39}$; (2)$\frac{97}{40}$; (3)$\frac{13}{31}$; (4)$\frac{1393}{225}$; (5)$\frac{121}{84}$; (6)$\frac{112}{41}$.

2.(1)[−1,2,1,3]; (2)[−10,1,10,9]; (3)[1,1,2]; (4)[3,7,15,1,25,1,7,4];

(5)[−1,1,6,142857]; (6)[0,1,4,1,12,1,11].

课外补充题 5.1

1. $$\sqrt{8}=2+\sqrt{8}-2=2+\cfrac{1}{\cfrac{\sqrt{8}+2}{4}}=2+\cfrac{1}{1+\cfrac{1}{\sqrt{8}+2}}=2+\cfrac{1}{1+\cfrac{1}{4+\cfrac{1}{\cfrac{\sqrt{8}+2}{4}}}}=\cdots$$

得到 $\sqrt{8}=(2,1,4,1,4,1,\cdots)$.

类似地, $\sqrt{13}=(3,1,1,1,1,6,1,1,1,1,6,1,1,\cdots)$.

习题 5.2

1.(1)$\frac{30}{43}$,渐近分数为$\frac{0}{1},\frac{1}{1},\frac{2}{3},\frac{7}{10},\frac{30}{43}$;

(2)$\frac{359}{157}$,渐近分数为$\frac{3}{1},\frac{7}{2},\frac{24}{7},\frac{103}{30},\frac{539}{157}$;

(3)$\frac{51}{20}$,渐近分数为$\frac{2}{1},\frac{3}{1},\frac{5}{2},\frac{23}{9},\frac{28}{11},\frac{51}{20}$;

(4)$\frac{13}{21}$,渐近分数为$\frac{0}{1},\frac{1}{1},\frac{1}{2},\frac{2}{3},\frac{3}{5},\frac{5}{8},\frac{13}{21}$;

(5)$\frac{3\,242}{1\,401}$,渐近分数为$\frac{2}{1},\frac{7}{3},\frac{37}{16},\frac{81}{35},\frac{280}{121},\frac{1\,481}{640},\frac{3\,242}{1\,401}$;

(6)$\frac{87}{32}$,渐近分数为$\frac{2}{1},\frac{3}{1},\frac{8}{3},\frac{11}{4},\frac{19}{7},\frac{87}{32}$.

2.(1)$\frac{1}{1},\frac{5}{4},\frac{6}{5},\frac{17}{14},\frac{74}{61},\frac{165}{136},\frac{404}{333}$;

（2）$\frac{-5}{1},\frac{-4}{1},\frac{-17}{4},\frac{-21}{5},\frac{-38}{9},\frac{-211}{50}$；

（3）$\frac{2}{1},\frac{9}{4},\frac{11}{5},\frac{97}{44},\frac{205}{93}$.

课外补充题 5.2

1. 经计算 $2+\sqrt{3}=(3,1,2,1,2,\cdots)$，由此得 $p_1=3,p_2=4,p_3=11,p_4=15,p_5=41,p_6=56,p_7=153,p_8=209,p_9=571,p_{10}=780,p_{11}=2\,131,\cdots,q_1=1,q_2=1,q_3=3,q_4=4,q_5=11,q_6=15,q_7=41,q_8=56,q_9=153,q_{10}=209,q_{11}=571,\cdots$，于是 $\left|2+\sqrt{3}-\frac{780}{209}\right|<\frac{1}{209\times 571}<\frac{1}{10^5}$，故 $\frac{780}{209}$ 即为所求.

2. $\sin 18°=\frac{\sqrt{5}-1}{4}=(0,3,4,4,4,4,\cdots)$，得 $p_1=0,p_2=1,p_3=4,p_4=17,p_5=72,p_6=305,q_1=1,q_2=3,q_3=13,q_4=55,q_5=233,q_6=987$，于是 $\left|\sin 18°-\frac{72}{233}\right|<\frac{1}{233\times 987}<\frac{1}{10^5}$，故 $\frac{72}{233}$ 即为所求.

习题 5.3

1.（1）前 8 个渐近分数为 $\frac{3}{1},\frac{4}{1},\frac{11}{3},\frac{15}{4},\frac{41}{11},\frac{56}{15},\frac{153}{41},\frac{209}{56}$；

从小到大依次为 $\frac{3}{1},\frac{11}{3},\frac{41}{11},\frac{153}{41},\frac{209}{56},\frac{56}{15},\frac{15}{4},\frac{4}{1}$.

（2）前 8 个渐近分数为 $\frac{1}{1},\frac{3}{2},\frac{7}{5},\frac{17}{12},\frac{41}{29},\frac{99}{70},\frac{239}{169},\frac{577}{408}$；

从小到大依次为 $\frac{1}{1},\frac{7}{5},\frac{41}{29},\frac{239}{169},\frac{577}{408},\frac{99}{70},\frac{17}{12},\frac{3}{2}$.

（3）前 8 个渐近分数为 $\frac{-7}{1},\frac{-13}{2},\frac{-46}{7},\frac{-105}{16},\frac{-256}{39},\frac{-873}{133},\frac{-2\,002}{305},\frac{-4\,877}{743}$；

从小到大依次为 $\frac{-7}{1},\frac{-46}{7},\frac{-256}{39},\frac{-2\,002}{305},\frac{-4\,877}{743},\frac{-873}{133},\frac{-105}{16},\frac{-13}{2}$.

2.（1）$3+\frac{\sqrt{2}}{2}$；（2）$\frac{\sqrt{10}+1}{3}$；（3）$\frac{3+\sqrt{15}}{2}$.

3.（1）$\left[2,\dot{1},1,1,\dot{4}\right]$，$\frac{82}{31}$；（2）$\left[\dot{1},\dot{2}\right]$，$\frac{153}{112}$.

课外补充题 5.3

1. 由 $\alpha=1+\cfrac{1}{2+\cfrac{1}{3+\cfrac{1}{\alpha}}}$，得：$\alpha=1+\cfrac{1}{2+\cfrac{1}{3+\cfrac{1}{\alpha}}}$，即 $7\alpha^2-8\alpha-3=0$,

解得 $\alpha=\frac{4+\sqrt{37}}{7}$.（负值舍去）

习题 6.1

1. 根据定义直接计算,得到

$\delta_7(1)=1,\delta_7(2)=3,\delta_7(3)=6,\delta_7(4)=3,\delta_7(5)=6,\delta_7(6)=2.$

2.

a	1	2	3	4	5	6	7	8	9	10
$\delta_{11}(a)$	1	10	5	5	5	10	10	10	5	2

3. 由 $n|m$ 有

$a^{\delta_m(a)}\equiv 1(\bmod m)$ 有 $a^{\delta_m(a)}\equiv 1(\bmod n)$ 即 $\delta_n(a)|\delta_m(a)$.

4.（1）设 $q\mid a-1$ 则 $a\equiv 1(\bmod q)$

设 a 对模 q 的质数是 δ 因为 P 是质数,从而 $\delta=1$ 或 p.

若 $\delta=1$, 则 $a\equiv 1(\bmod q)$, 故 $q\mid a-1$;

若 $\delta=p$,而 $\delta|\varphi(q)=q-1$,$q-1$ 为偶数,

记 $q-1=2x$,则 $p|2x$,又假设 $p|x$,

故 $q=2px+1$ 得证.

（2）设 q 为 $a+1$ 的奇质因数,则 $a\equiv -1(\bmod q)$,

从而 $a^{2p}\equiv 1(\bmod q)$, 从而 a 对模 q 的指数 $\delta|2p$. 故 $\delta=1,2,p,2p$ 之一.

若 $\delta=1$, 则 $a=1(\bmod q)$, 从而 $a\equiv 1(\bmod q)$.

即有 $1\equiv -1(\bmod q)$,不可能,故 $\delta\neq 1$.

若 $\delta=2$, 则 $a^2\equiv 1(\bmod q)$, 而 $a^2=1(\bmod q)$（否则 $\delta=1$）.

故 $a=-1(\bmod q)\Rightarrow q|a+1$.

若 $\delta=p$,则（ $a\equiv 1(\bmod q)$,而有 $1\equiv -1(\bmod q)$,不可能.

若 $\delta=2p$, 则由 $\delta|\varphi(q)=q-1$,$q-1=2m\Rightarrow p|m$.

记 $m=px$, 则 $q=2px+1$, 得证.

5. $x=3,5(\bmod 14)$ 是模 14 的全部原根.

习题 6.2

1. 因 $\varphi(29)=28=2^2.7$, 由

$2^{\frac{\varphi(29)}{2}}=2^{14}\not\equiv 1(\bmod 29),2^{\frac{\varphi(29)}{7}}=2^4\not\equiv 1(\bmod 29)$

知 2 是模 29 的最小正原根.

2. 由 2 是模 29 的原根及 $2^{29-1}=2^{28}\not\equiv 1(\bmod 29^3)$ 知 2 是模 29^3 的原根;

由 2 是模 29^3 的原根及 2 是偶数知 $2+29^3$ 是模 $2\cdot 29^3$ 的原根.

3. 易得 3 是模 17 的原根, 3^i（$i=0,1,2,\cdots,15$）构成模 17 的简化剩余系,列表为

i		0	1	2	3	4	5	6
	7							
$3^i(\bmod 17)$		1	3	9	10	13	5	15
	11							
i		8	9	10	11	12	13	14
	15							
$3^i(\bmod 17)$		16	14	8	7	4	12	2
	6							

由上表知 $3^8 \equiv 16(\bmod 17)$，设 $x \equiv 5y(\bmod 17)$，则 $12y \equiv 8(\bmod 16)$，由此解得 $y_1 \equiv 2, y_2 \equiv 6, y_3 \equiv 10, y_4 \equiv 14(\bmod 16)$，查上表得 $x_1 \equiv 9, x_2 \equiv 15, x_3 \equiv 8, x_4 \equiv 2(\bmod 17)$.

习题 6.3

1. 必要性，设 g 为模 m 的一个原根.

由 52 Th5 知 $g^{(m)} \equiv 1(\bmod m), i=1,2,\cdots,m$.

若 g 为模 m 的 q_1 次剩余，则存在 x_0，使得

$x_0^{q_i} \equiv g(\bmod m), (x_0, m)=1$.

又由欧拉定理 $x_0^{(m)} \equiv 1(\bmod m)$

故 $g^{\frac{(m)}{q_i}} \equiv \left(x_0^{q_i}\right)^{\frac{(m)}{i}} = x_0^{(m)} \equiv 1(\bmod m)$，矛盾！

充分性，若 g 不为模 m 的一个原根，由 ξ2 Th5 知

存在 q_1，使得：$g^{\frac{(m)}{q_t}} \equiv 1(\bmod m)$.

设 g 为模 m 的一个原根，则对上式两边关于 g 取指标：

$$\frac{(m)}{q} Ind_g g \equiv 0(\bmod (m)) \Rightarrow Ind_g g \equiv 0(\bmod q_t) .$$

记 $Ind_g \cdot g = \gamma q_t$，则由指标的定义即有：

$(g')^{\gamma q} \equiv g(\bmod m)$,

故 $x \equiv (g^{+})^{\gamma}(\bmod m)$ 即为同余式. $x^{q'} \equiv g(\bmod m)$ 的解.

从而 g 为 q_t 次剩余，矛盾.

2. 证 $\varphi(17)=16$，它的有且只有质因子 2，而

$$\left(\frac{10}{17}\right)=\left(\frac{2}{17}\right)\left(\frac{5}{17}\right)=(-1)^{36}\left(\frac{17}{5}\right)=\left(\frac{2}{5}\right)=-1 ,$$

从而 10 不是模 17 的平方剩余，由上题知 10 是模 17 的原根.

$\varphi(257)=256=2^8$，由且仅有质因子 2，而

$$\left(\frac{10}{257}\right)=\left(\frac{2}{257}\right)\left(\frac{5}{257}\right)=\left(\frac{257}{5}\right)=\left(\frac{2}{5}\right)=-1 .$$

故同上理 10 也是模 257 的原根.

由 ch3 § 4Th2.3 的证明可知，$\frac{1}{17},\frac{1}{257}$ 的循环节的长度，t,这是 10 关于模 17, 模 257 的指数,从而 t=16, 256 证毕.

3. 同余式 $x^{15}\equiv 14(\bmod 41)$ 等价于：

15 Ind x=Ind14(mod 41)

查表知 Ind14=25,故 15 Ind x ≡ 25(mod 40).

由于(15,40)=5|25,故上式由 5 个解，

解之得：Ind x=7,15,23,31,39(mod 40).

查表知:原同余式的 5 个解为：

x=29,3,30,31,7(mod 41).

4. 模 m 的原根存在，故 m=4，p 或“2p”.

设 g 为模 m 的一个原根，则 $g^{(m)}\equiv 1(\bmod m)$，

从而 $\left(g^{\frac{1}{2}(m)}-1\right)\left(g^{\frac{1}{2}(m)}\}+1\right)\equiv 0(\bmod m)(*)$.

(1)若 m=4，φ(4)=2，则模 m 有且只有一个原根 3，$3^1\equiv -1(\bmod m)$,

故 -1 的指标为 $1=\frac{(m)}{2}$.

μ(1)=1 若 $m=p_a$, p 为奇质数,则由(*)知 μ(9)=0 或 $p\mid g^{\frac{1}{2}(m)}+1$.

但二者不能同时成立,否则 $p\mid\left(g^{\frac{1}{2}(m)}+1\right)\left(g^{\frac{1}{2}(m)}-1\right)=2$, 矛盾!

若 $p\mid g^{\frac{1}{2}(m)}-1, p+g^{\frac{1}{2}(m)}+1$, 又由(*)知

$p^{\alpha}\mid g^{\frac{1}{2}(m)}\Rightarrow g^{\frac{1}{2}(n)}\equiv 1(\bmod m)$, 与 g 的指数为 φ(m)矛盾.

从而 $p+g^{\frac{1}{2}(m)}-1, p\mid g^{\frac{1}{2}(m)}+1$, 从而 $p^{\alpha}\mid g^{\frac{1}{2}(m)}+1\Rightarrow g^{\frac{1}{2}(m)}\equiv -1(\bmod m)$

指标为 $\frac{1}{2}(m)$.

(3)若 $m=2p^{z}$,g 为 $2p$“的原根,则 g 为奇数,类似于(2)的讨论,我们有

$p^{\alpha}+g^{\frac{1}{2}(m)}-1, p^{\alpha}\mid g^{\frac{1}{2}(m)}+1$，

从而 $2p^{\alpha}\mid g^{\frac{1}{2}(m)}+1$，

从而 $g^{\frac{1}{2}(m)}\equiv -1(\bmod m)$，

故 -1 的指标为 $\frac{1}{2}(m)$.

5.(1)由指标的定义知：

$g^{ind_g g_1}\equiv g_1(\bmod m)$，

两边对原根 g_1 取指标：

$ind_{g_1} g^{lnd_g g_1} \equiv ind_{g_1} g_1 \left(\mathrm{mod}(m)\right)$，

故 $ind_{g_1} g \cdot ind_g g_1 \equiv 1\left(\mathrm{mod}(m)\right)$，

（2）由指标的定义知：

$g_1^{ind_n a} \equiv a\left(\mathrm{mod}\, m\right)$，

两边对原根 g 取指标：

$ind_g g^{ind_{*1} a} \equiv ind_g a\left(\mathrm{mod}(m)\right)$，

故 $ind_g a \equiv ind_g g_1 \cdot ind_{g_1} a\left(\mathrm{mod}(m)\right)$.（证毕）

附录　排列、组合及二项式定理

由于部分读者属于文科生，或者高中数学基础不好，对排列数、组合数及二项定理了解不多，理解起来有困难. 所以，我们在此花少量的篇幅，对这部分知识做一简要介绍.

(一)加法原理与乘法原理

加法原理：完成一件事共有 n 类办法，其中，第 1 类又有种 m_1 不同的方法，第 2 类有 m_2 种不同的方法，…… 第 n 类有 m_n 种不同的方法. 则完成这件事共有 $M = m_1 + m_2 + \cdots + m_n$ 种不同的方法.

乘法原理：完成一件事共分 n 个步骤，其中，第 1 步又有种 m_1 不同的方法，第 2 步有 m_2 种不同的方法，…… 第 n 步有 m_n 种不同的方法. 则完成这件事共有 $M = m_1 \times m_2 \times \cdots \times m_n$ 种不同的方法.

例如，从 A 地到 B 地可以乘飞机，可以乘火车，可以乘轮船；从 B 地到 C 地则只能乘火车或乘汽车. 已知从 A 地到 B 地的飞机航班有 3 个，火车班次有 5 个，轮船航班有 2 个. 从 B 地到 C 地的火车班次有 4 个，汽车班次有 10 个. 某人计划先从 A 地到 B 地，住一晚后再到 C 地，问他共有多少种购票方式？

如图 1 所示，我们可以先算从 A 地到 B 地的购票方式. 显然，由加法原理知，共有 3+5+2=10 种；再算从 B 地到 C 地的购票方式. 同样，由加法原理知，共有 4+10=14 种；最后算从 A 地出发经 B 地再到 C 地的购票方式. 由乘法原理知，共有 $10 \times 14=140$ 种.

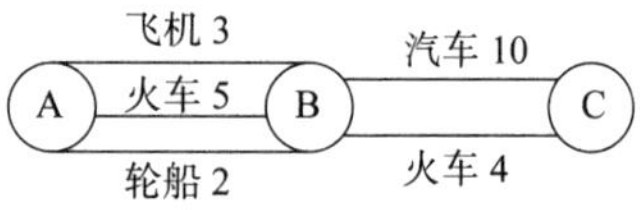

图 1

(二)排列数与组合数

1. 排列数、组合数定义

定义 1　从 m 个不同元素中取出 $n(n \leqslant m)$ 个不同元素，排成一列，叫做从 m 个不同元素中取出 n 个不同元素的一个排列.

如，从 4 个不同元素 a,b,c,d 中取出 2 个元素的排列有：

$$ab,ac,ad,bc,bd,cd,ba,ca,da,cb,db,dc$$

共 12 个.

再如，从 3 个不同元素 a,b,c 中取出 3 个元素的排列有：

$$abc,acb,bac,bca,cab,cba$$

共 6 个.

特别地,将 m 个不同元素中全部取出,排成一列,叫做 m 个不同元素的全排列.

定义 2　从 m 个不同元素中取出 n 个不同元素,并成一组,叫做从 m 个不同元素中取出 n 个不同元素的一个组合.

如,从 4 个不同元素 a,b,c,d 中取出 2 个元素的组合有:ab,ac,ad,bc,bd,cd 共 6 个.

再如,从 3 个不同元素 a,b,c 中取出 3 个元素的组合有:abc 共 1 个.

定义 3　从 m 个不同元素中取出 n 个不同元素的排列的个数,叫从 m 个不同元素中取出 n 个不同元素的排列数. 记作 A_m^n .

如,从 4 个不同元素 a,b,c,d 中取出 2 个元素的排列数 $\mathrm{A}_4^2=12$. 再如,从 3 个不同元素 a,b,c 中取出 3 个元素的排列数 $\mathrm{A}_3^3=6$.

定义 4　从 m 个不同元素中取出 n 个不同元素的组合的个数叫从 m 个不同元素中取出 n 个不同元素的组合数. 记作 C_m^n .

如,从 4 个不同元素 a,b,c,d 中取出 2 个元素的组合数 $\mathrm{C}_4^2=6$. 再如,从 3 个不同元素 a,b,c 中取出 3 个元素的组合数 $\mathrm{C}_3^3=1$.

问题:一般地,排列数 A_m^n 和组合数 C_m^n 怎么计算呢?

不妨取 $m=4,n=3;m=5,n=1,2,3,4,5;m=6,n=1,2,3,4,5,6,\cdots$ 尝试计算并思考.

一般地,排列数 A_m^n 的计算可以这样考虑:问题相当于从 m 个不同元素中取出 n 个不同元素放在一个 $1\times n$ 的格子里(每个格子放一个元素). 于是,先确定第一个格子里的元素,共有 m 种方法;再确定第二个格子里的元素,共有 $m-1$ 种方法……最后确定第 n 个格子里的元素,共有 $m-n+1$ 种方法,故共有 $m(m-1)\cdots(m-n+1)$ 种方法,即

$$\mathrm{A}_m^n=m(m-1)\cdots(m-n+1).$$

(从 m 开始依次递减的 n 个连续整数的乘积)

据此,显然有, m 个不同元素的全排列数

$$\mathrm{A}_m^m=m(m-1)\times\cdots\times3\times2\times1=m!.$$

于是,易得,

$$\mathrm{A}_5^2=5\times4=20,\mathrm{A}_6^3=6\times5\times4=120,\mathrm{A}_4^4=4\times3\times2\times1=24,\cdots$$

从组合数与排列数的定义不难得出(请读者思考为什么):

$$\mathrm{A}_m^n=\mathrm{C}_m^n\mathrm{A}_n^n.$$

于是,有公式:

$$\mathrm{C}_m^n=\frac{\mathrm{A}_m^n}{\mathrm{A}_n^n}=\frac{m(m-1)\times\cdots\times(m-n+1)}{n(n-1)\times\cdots\times2\times1}=\frac{m!}{n!(m-n)!}.$$

据此,易得,

$$\mathrm{C}_5^2=\frac{5\times4}{2\times1}=10,\mathrm{C}_6^3=\frac{6\times5\times4}{3\times2\times1}=20,\mathrm{C}_n^n=1,\cdots$$

读者可以自己计算任意一个排列数或组合数.

2. 两个重要的组合数恒等式

或许你已经发现：

$$C_5^1=C_5^4,C_5^2=C_5^3,C_6^1=C_6^5,C_6^2=C_6^4,C_7^1=C_7^6,C_7^2=C_7^5,C_7^3=C_7^4,\cdots$$

由此，我们大胆猜测，一般地，似应有：$C_m^n=C_m^{m-n}$.

利用组合数公式，很容易证明这一结论的正确性. 事实上，从 m 个不同元素中取出 n 个不同元素并成一组的同时，剩下的 $m-n$ 个不同元素也相当于并成一组，这就是说，从 m 个不同元素中取出 n 个不同元素的一个组合对应于从 m 个不同元素中取出 $m-n$ 个不同元素的一个组合，所以，必然有 $C_m^n=C_m^{m-n}$.

注意：为使上面的公式在 $m=n$ 或 $n=0$ 时也成立，我们规定：$C_m^0=1$.

同时规定：$0!=1$.

有人计算了大量的组合数，并将计算结果按如下方式排列成一个三角形：

表 1　组合数三角形

$$\begin{array}{ccccccccccccc}
 & & & & & & C_0^0 & & & & & & \\
 & & & & & C_1^0 & & C_1^1 & & & & & \\
 & & & & C_2^0 & & C_2^1 & & C_2^2 & & & & \\
 & & & C_3^0 & & C_3^1 & & C_3^2 & & C_3^3 & & & \\
 & & C_4^0 & & C_4^1 & & C_4^2 & & C_4^3 & & C_4^4 & & \\
 & C_5^0 & & C_5^1 & & C_5^2 & & C_5^3 & & C_5^4 & & C_5^5 & \\
C_6^0 & & C_6^1 & & C_6^2 & & C_6^3 & & C_6^4 & & C_6^5 & & C_6^6 \\
\vdots & & & & & & & & & & & & \ddots
\end{array}$$

即

表 2　贾宪三角

$$\begin{array}{ccccccccccccc}
 & & & & & & 1 & & & & & & \\
 & & & & & 1 & & 1 & & & & & \\
 & & & & 1 & & 2 & & 1 & & & & \\
 & & & 1 & & 3 & & 3 & & 1 & & & \\
 & & 1 & & 4 & & 6 & & 4 & & 1 & & \\
 & 1 & & 5 & & 10 & & 10 & & 5 & & 1 & \\
1 & & 6 & & 15 & & 20 & & 15 & & 6 & & 1 \\
\vdots & & & & & & & & & & & & \ddots
\end{array}$$

上面的三角形数表西方人称为帕斯卡三角形，因为他们认为这个数表是帕斯卡发现的. 但实际上，中国宋代数学家杨辉在其著作《详解九章算法》(1262 年)的“增乘开方表”中就载有此表，并注明“贾宪用此术”. 而贾宪所处的时代为十一世纪！比帕斯卡早了 600 年！故我国一般称此三角形为杨辉三角或贾宪三角.

显然，这一表格还可以无限延伸下去. 你发现其中的规律了吗？你发现哪几条规律？

贾宪三角里有一条明显的规律：表中的每一个数都等于它“肩上”两数之和. 如：第六行

左侧的 10=4+6，第七行左侧的 15=5+10，20=10+10，……

你能否用一个公式将上述规律表示出来？

对照第一个表易知：$C_m^n+C_m^{n-1}=C_{m+1}^n$.

利用组合数计算公式很容易证明这一等式，这里，我们用以下情境来做一解释：

假设某班有 m 个同学，现要从这 m 个同学及其班主任这 $m+1$ 个人中选 $n(n\leqslant m)$ 个人组成一个合唱团，当然有 C_{m+1}^n 种方法. 另一方面，我们可以考虑，若不选班主任，则应当有 C_m^n 种方法；若必选班主任，则应当有 C_m^{n-1} 种方法. 所以，总共应有 $C_m^n+C_m^{n-1}$ 种方法. 这样便得：$C_m^n+C_m^{n-1}=C_{m+1}^n$.

这两个组合数公式既好理解，又便于记忆，而且特别有用. 所以，需要读者仔细体会.

（三）二项式定理

我们知道：

$$(a+b)^1=a+b,$$

$$(a+b)^2=a^2+2ab+b^2,$$

$$(a+b)^3=a^3+3a^2b+3ab^2+b^3,$$

由此，我们很容易想到，$(a+b)^4,(a+b)^5,\cdots,(a+b)^n,\cdots$ 的展开式是怎样的. 经计算，不难得到：

$$(a+b)^4=a^4+4a^3b+6a^2b^2+4ab^3+b^4,$$

$$(a+b)^5=a^5+5a^4b+10a^3b^2+10a^2b^3+5ab^4+b^4,$$

那么，$(a+b)^n$ 的展开式是怎样的呢？

我们知道，

$$(a+b)^n=\underbrace{(a+b)(a+b)\cdots(a+b)}_{n\text{个}}$$

显然，这 n 个括弧的乘积展开共有 2^n 项，每项都是 $a^{n-k}b^k$ 的形式（每个括号里只能选 a 或 b，二选一）. 关键是这样的项各有多少个，即 $a^{n-k}b^k$ 的系数是多少.

项 $a^{n-k}b^k$ 一定是 n 个括弧 $(a+b)$ 中的 k 个括弧取了 b，其余 $n-k$ 个括弧都取了 a. 所以，项 $a^{n-k}b^k$ 的系数应当是 C_n^k. 这样我们就得到下面的结论：

$$\begin{aligned}(a+b)^n&=\sum_{k=0}^{n}C_n^ka^{n-k}b^k\\&=C_n^0a^nb^0+C_n^1a^{n-1}b^1+C_n^2a^{n-2}b^2+\cdots+C_n^{n-1}a^1b^{n-1}+C_n^na^0b^n\\&=a^n+C_n^1a^{n-1}b+C_n^2a^{n-2}b^2+\cdots+C_n^{n-1}ab^{n-1}+b^n.\end{aligned}$$

这个结论就叫做二项式定理. 其中，$(a+b)^n$ 叫二项式，等号右端的部分

$$\sum_{k=0}^{n}C_n^ka^{n-k}b^k=a^n+C_n^1a^{n-1}b+C_n^2a^{n-2}b^2+\cdots+C_n^{n-1}ab^{n-1}+b^n$$

叫做 $(a+b)^n$ 的二项展开式，展开式共 $n+1$ 项，各项形式相同，我们称展开式的第 $k+1$ 项 $T_{k+1}=\mathrm{C}_n^k a^{n-k}b^k$ 为展开式的通项，$\mathrm{C}_n^0,\mathrm{C}_n^1,\mathrm{C}_n^2,\cdots,\mathrm{C}_n^{n-1},\mathrm{C}_n^n$ 都叫二项式系数.

二项式定理也可以用数学归纳法来证明.

易见，

$$\begin{aligned}(a-b)^n &= \sum_{k=0}^{n}\mathrm{C}_n^k a^{n-k}(-b)^k \\ &= a^n-\mathrm{C}_n^1 a^{n-1}b+\mathrm{C}_n^2 a^{n-2}b^2-\mathrm{C}_n^3 a^{n-3}b^3+\cdots+\mathrm{C}_n^{n-1}a(-b)^{n-1}+(-b)^n.\end{aligned}$$

二项式定理中，当 $a=b=1$ 时，易得：

$$\mathrm{C}_n^0+\mathrm{C}_n^1+\mathrm{C}_n^2+\cdots+\mathrm{C}_n^{n-1}+\mathrm{C}_n^n=2^n.$$

当 $a=1,\ b=-1$ 时，则得：

$$\mathrm{C}_n^0+\mathrm{C}_n^2+\mathrm{C}_n^4+\cdots=\mathrm{C}_n^1+\mathrm{C}_n^3+\mathrm{C}_n^5+\cdots=2^{n-1}.$$

二项式定理应用非常广泛，本书限于篇幅只做简单介绍，有兴趣的同学可以上网查阅相关内容.

参考书目

1. 李同贤. 初等数论[M]. 上海:复旦大学出版社,2018.
2. 管训贵. 初等数论[M].2 版. 合肥:中国科学技术大学出版社,2016.
3. 王进明. 初等数论[M]. 北京:人民教育出版社,2002.
4. 闵嗣鹤,严士健. 初等数论[M]. 北京:高等教育出版社,2003.
5. 单墫. 初等数论[M]. 南京:南京大学出版社,2000.
6. 张文鹏,李海龙. 初等数论[M].2 版. 西安:陕西师范大学出版社,2008.
7. 冯志刚. 数学奥林匹克命题人讲座:初等数论[M]. 上海:上海科技教育出版社,2009.